高等职业教育精品工程系列教材

传感器与自动检测技术

主　编：李　棚　项莉萍

副主编：江玉才　张寿安　刘明明

参　编：张明存　金　何　范治田　孔　健

U0426986

電子工業出版社

Publishing House of Electronics Industry

北京・BEIJING

内 容 简 介

本书以传感器在工业应用的五大领域为主线，重点介绍了光学量、温度量、气体量、磁学量、力学量 5 种物理量检测中常用的传感器及其检测电路的设计与制作。每个学习领域内都设计了引导型项目、驱动型项目、创新型项目，可使读者快速找到相应的传感器，完成理论的学习、实践的操作，并能够借鉴相关的电路完成真实产品的制作。附录中给出了六职口袋实验室的核心板电路原理图、电路板图，模/数转换模块电路原理图、电路板图，LM317 可调直流电源电路原理图、电路板图、效果图，以及传感器与自动检测技术综合实训代码主程序，供读者参考借鉴。本书图例丰富、步骤详细，可以作为职业院校的教材，也可以作为工程技术人员的自学参考书。

未经许可，不得以任何方式复制或抄袭本书之部分或全部内容。
版权所有，侵权必究。

图书在版编目（CIP）数据

传感器与自动检测技术 / 李棚，项莉萍主编. —北京：电子工业出版社，2021.4
ISBN 978-7-121-40905-9

Ⅰ. ①传… Ⅱ. ①李… ②项… Ⅲ. ①传感器－高等学校－教材②自动检测－高等学校－教材
Ⅳ. ①TP212②TP274

中国版本图书馆 CIP 数据核字（2021）第 059007 号

责任编辑：郭乃明　　特约编辑：田学清
印　　刷：中煤（北京）印务有限公司
装　　订：中煤（北京）印务有限公司
出版发行：电子工业出版社
　　　　　北京市海淀区万寿路 173 信箱　邮编　100036
开　　本：787×1 092　1/16　印张：11.5　字数：294.4 千字
版　　次：2021 年 4 月第 1 版
印　　次：2021 年 4 月第 1 次印刷
定　　价：35.00 元

凡所购买电子工业出版社图书有缺损问题，请向购买书店调换。若书店售缺，请与本社发行部联系，联系及邮购电话：（010）88254888，88258888。

质量投诉请发邮件至 zlts@phei.com.cn，盗版侵权举报请发邮件至 dbqq@phei.com.cn。

本书咨询联系方式：（010）88254561，guonm@phei.com.cn。

前　言

传感器与自动检测技术是一种综合技术，涉及微电子技术、微机械技术、信号处理技术和计算机技术等，是测控技术及仪器、自动化、电子信息及机电一体化等专业的一门职业技术基础课程。目前，很多高职院校采用的《传感器与自动检测技术》教材属于本科教材的压缩版，按学科体系形成章节进行编写，过分强调学科知识的科学性和系统性，内容多、理论知识抽象、电路原理难懂、实际应用内容少，忽视了对学生能力和创新思维的培养。

为适应高职高专技术技能型人才的培养，依据高等职业教育人才培养目标的要求，本书遵循理论"必需、够用"编写原则，突出理论联系实际，强调应用及技能训练，在介绍常用传感器的结构和原理的基础上，注重测量转换电路的介绍及传感器检测技术的应用。

本书以项目为载体，基于工作过程，将行动领域的工作任务转换为学习领域的教学情境，共包含五个教学情境：教学情境一，光学量的检测与处理；教学情境二，温度量的检测与处理；教学情境三，气体量的检测与处理；教学情境四，磁学量的检测与处理；教学情境五，力学量的检测与处理。每个教学情境包含一个引导型项目、一个驱动型项目和一个创新型项目，其中引导型项目包含两个任务。每个项目分为项目描述、知识要点、技能要点。每个任务分为任务描述、任务要求、任务分析、任务实施和任务考核五个部分。

本书传感器标定部分的实验基于 THSRZ-1 传感器实训台，驱动型项目和创新型项目提供了每个电路的设计原理图和源程序，可以通过本书的实验平台（传感器与自动检测技术口袋实验室）验证。

本书由李棚、项莉萍任主编，江玉才、张寿安、刘明明任副主编，张明存、金何、范治田、孔健参编。

本书可以作为高职高专院校的测控技术及仪器、自动化、电子信息及机电一体化等专业的教材，也可供相关专业工程技术人员参考。

由于编者的经验和水平有限，书中难免存在纰漏，恳请广大读者批评指正。

编　者

目　录

教学情境一

光学量的检测与处理

在一次“建设节约型校园”讨论会上，有同学提出水电的浪费是校园内最大的浪费，如果有办法解决这个难题，将对我们建设“节约型校园”有着巨大的帮助，于是，同学们就开始了对改造校园路灯自动控制系统的研究……

引导型项目　认识光学量传感器

> ➢ **项目描述**：通过网络搜索光学量传感器，了解相关传感器的性能、价格、应用领域；通过对常用光学量传感器的认知，能够熟练使用各类光学量传感器。
> ➢ **知识要点**：了解光学量传感器的基本原理及分类；掌握光敏电阻、光敏二极管、光电池的结构及特性。
> ➢ **技能要点**：能根据测量对象选用合适的光学量传感器；会分析常见的光学量传感器电路；会使用光纤传感器进行测量。

✧ 任务1 熟悉常用光学量传感器

任务描述 ◎

通过网络查找主流的光学量传感器，了解其用途、型号、价格，并通过线上资源了解各类光学量传感器的工作原理。

✧ 任务2 光学量传感器的标定

任务描述 ◎

利用THSRZ-1传感器实训台进行光学量传感器的标定，为后续的传感器电路的设计与制作打下坚实的基础。

任务1　熟悉常用光学量传感器

任务描述 ◎

通过网络查找主流的光学量传感器，了解其用途、型号、价格，并通过线上资源了解各类光学量传感器的工作原理。

任务要求 ◎

（1）能够识别主要的光学量传感器；
（2）了解光学量传感器的工作原理；
（3）能够根据需要选择合适的光学量传感器。

任务分析

（1）通过网络大体了解光学量传感器的类型；

（2）搜索相关厂家的官方网站，下载传感器的说明书；

（3）通过说明书，掌握传感器的参数及用法。

任务实施

一、主要的光学量传感器及其参数

1．Gaston E18-D80NK 红外光电传感器

Gaston E18-D80NK 红外光电传感器是一种集发射与接收于一体的光电传感器，其检测距离可以根据要求进行调节。该传感器具有探测距离远、受可见光干扰小、价格便宜、易于装配、使用方便等优点。Gaston E18-D80NK 红外光电传感器如图 1.1.1 所示。

图 1.1.1　Gaston E18-D80NK 红外光电传感器

2．ST188 反射式红外光电传感器

ST188 反射式红外光电传感器由高发射功率红外光敏二极管和高灵敏度光敏三极管组成。该传感器采用非接触检测方式，检测距离可调整范围大（4～13mm）。ST188 反射式红外光电传感器如图 1.1.2 所示。

图 1.1.2　ST188 反射式红外光电传感器

3．TCRT5000 反射式红外光电传感器

TCRT5000 反射式红外光电传感器具有一个红外发射管和一个红外接收管。当发射管发出的红外信号经反射被接收管接收后，接收管的电阻会发生变化，这一变化在电路中一

般以电压变化的形式体现出来，经过 ADC（模/数转换器）转换或 LM324 等电路整形后可得到处理后的输出结果。TCRT5000 反射式红外光电传感器如图 1.1.3 所示。

图 1.1.3　TCRT5000 反射式红外光电传感器

4．GK122 对射式光电传感器

GK122 对射式光电传感器将传感器相关电路做在了壳内部，直接以开关量输出，方便了传感器的安放，提高了灵活性，可以使用螺丝或胶水将传感器固定在机器人或智能车车轮上。GK122 对射式光电传感器如图 1.1.4 所示。

图 1.1.4　GK122 对射式光电传感器

5．GM5516 光敏电阻

光敏电阻一般用于光的测量、光的控制和光电转换，光敏电阻的阻值随光照强弱而变化，光线越强，阻值变得越小。在黑暗条件下，它的阻值可达到 1～10MΩ。在强光条件下，它的阻值只有几百欧至几千欧。GM5516 光敏电阻如图 1.1.5 所示。

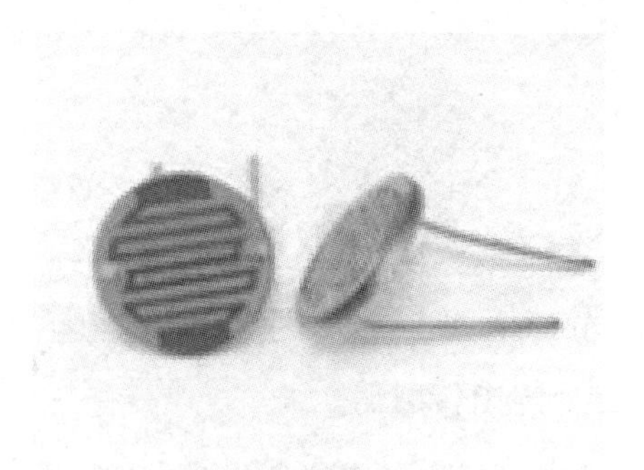

图 1.1.5　GM5516 光敏电阻

6．BH1750 环境光传感器

BH1750 环境光传感器内置 16 位的模/数转换器，它能够直接输出一个数字信号。BH1750 环境光传感器能够直接通过光度计来测量，有时为了充分利用光源，可以增加一个光源的反射装置，在某些方向获得更多的光通量，以增加被照表面的亮度。BH1750 环境光传感器如图 1.1.6 所示。

图 1.1.6　BH1750 环境光传感器

7．2DU6 光照电源硅光敏管

2DU6 光照电源硅光敏管具有光电倍增管、光电管、硒光电池所无法比拟的宽频响应，它特别适用于工作在 300～1000nm 光谱范围的各种光学仪器，对紫蓝光具有较高的灵敏度。2DU6 光照电源硅光敏管小，灵敏度高，性能稳定可靠，电路设计简单灵活。2DU6 光照电源硅光敏管如图 1.1.7 所示。

图 1.1.7　2DU6 光照电源硅光敏管

8．欧姆龙光纤传感器

光纤传感器用光作为敏感信息的载体，用光纤作为传递敏感信息的媒质，有以下一系列独特的优点：容易实现对被测信号的远距离监控，耐腐蚀，防爆，光路有可挠曲性，便于与计算机连接。欧姆龙光纤传感器如图 1.1.8 所示。

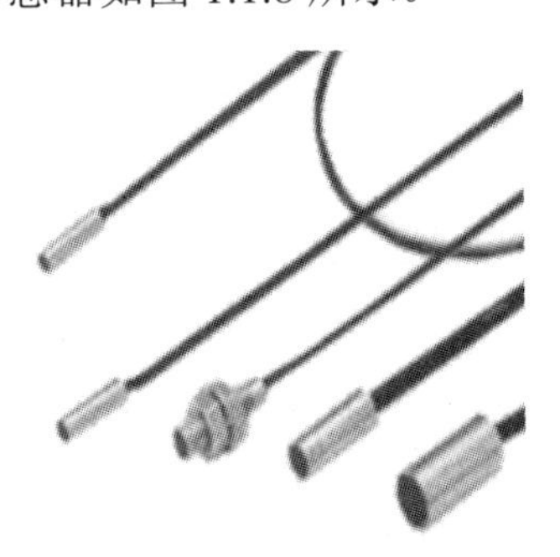

图 1.1.8　欧姆龙光纤传感器

二、光学量传感器的工作原理

1．光电效应

当光照射到某些物质上，会使物质的电性质发生变化，即光能量转换成电能。这类光致电变的现象被人们统称为光电效应（Photoelectric Effect）。光电效应示意图如图 1.1.9 所示。光电现象由德国物理学家赫兹于 1887 年发现，而正确的解释为爱因斯坦所提出。1905 年，爱因斯坦提出光子假设，成功解释了光电效应，因此获得 1921 年诺贝尔物理学奖。物理学家赫兹和爱因斯坦分别如图 1.1.10 和图 1.1.11 所示。

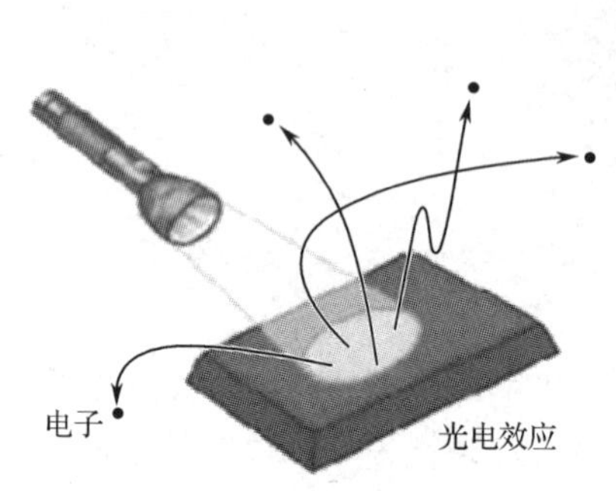

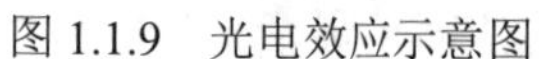
图 1.1.9　光电效应示意图

图 1.1.10　物理学家赫兹

图 1.1.11　物理学家爱因斯坦

光电效应分为光电发射效应、光电导效应和阻挡层光电效应（又称光生伏特效应）。

在光线作用下，物体内的电子逸出物体表面向外发射的物理现象称为外光电效应，也称为光电发射效应。外光电效应示意图如图 1.1.12 所示。外光电效应可以通过如图 1.1.13 所示的实验验证。

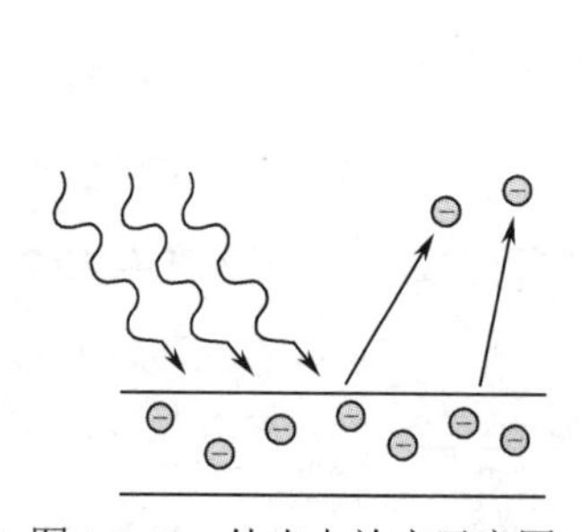
图 1.1.12　外光电效应示意图

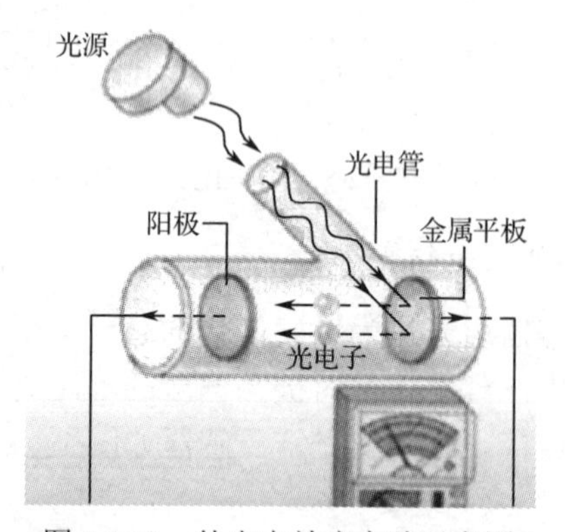

图 1.1.13　外光电效应实验示意图

$\frac{1}{2}mv^2 = hf - W$（其中，h 表示普朗克常量，f 表示入射光的频率），这个关系式通常叫作爱因斯坦光电效应方程，即光电子能量=移出一个光电子所需的能量（逸出功）+被发射的光电子的动能。仅当照射物体的光频率不小于某个确定值时，物体才能发出光电子，这个频率叫作极限频率（或截止频率），相应的波长 λ_0 叫作极限波长。不同物质的极限频率和相应的极限波长 λ_0 是不同的，一些金属的极限波长如表 1.1.1 所示。

表 1.1.1　一些金属的极限波长

金属	铯	钠	锌	银	铂
极限波长/埃	6520	5400	3720	2600	1960

在光线的作用下，物体导电能力发生变化的现象称为内光电效应，也称为光电导效应。内光电效应示意图如图 1.1.14 所示。内光电效应可以通过如图 1.1.15 所示的实验验证。

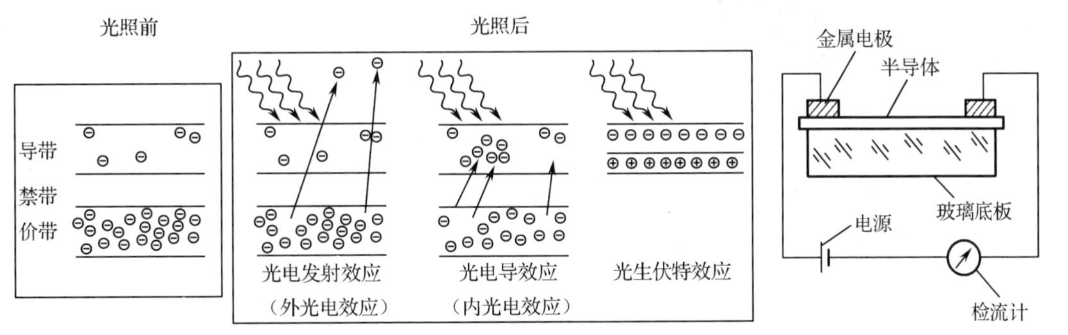

图 1.1.14　内光电效应示意图　　图 1.1.15　内光电效应实验示意图

当入射光的能量 $hf \geqslant E_g$（E_g 为带隙间隔）时，价带中的电子就会吸收能量，跃迁到导带，在价带中留下一个空穴，形成一对可以导电的“电子—空穴对”。这里的电子并未逸出形成光电子，但显然存在着因光照而产生的电效应。根据这种效应制作成的元器件主要有光敏电阻、光敏二极管、光敏三极管和光敏晶闸管等。

如图 1.1.16 所示，在光线作用下，物体产生一定方向的电动势的现象称为光生伏特效应，该现象可以通过如图 1.1.17 所示的实验验证。基于这种效应制作的电子元器件主要有光电池。

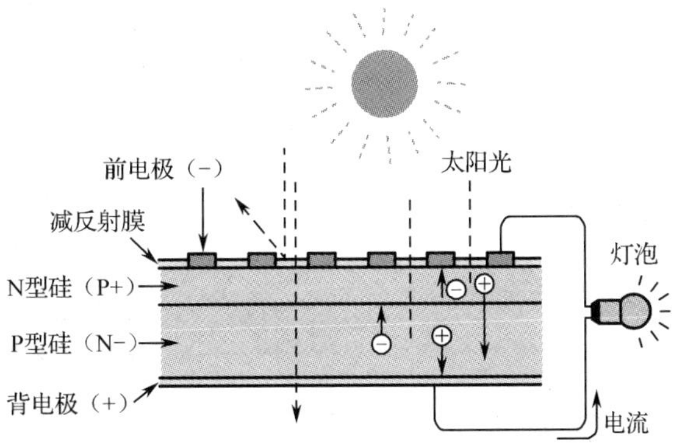

图 1.1.16　光生伏特效应示意图

2. 光敏电阻

光敏电阻是利用半导体的光电效应制成的一种传感器，其外形如图 1.1.18 所示。其电阻值随入射光的强弱而改变。入射光强，电阻值减小；入射光弱，电阻值增大。在电路中光敏电阻一般用字母 R、R_L 或 R_G 表示。

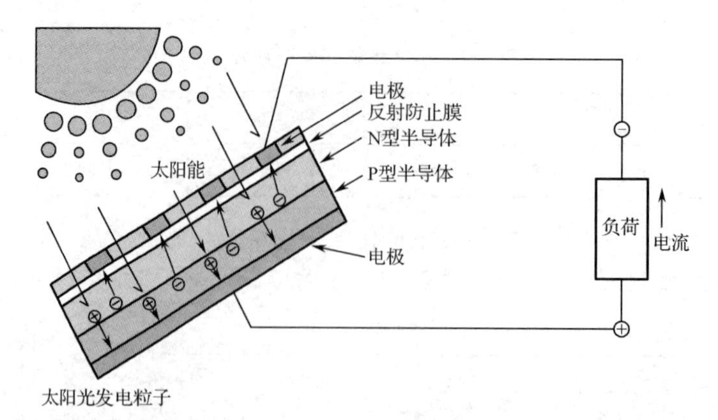

图 1.1.17　光生伏特实验示意图

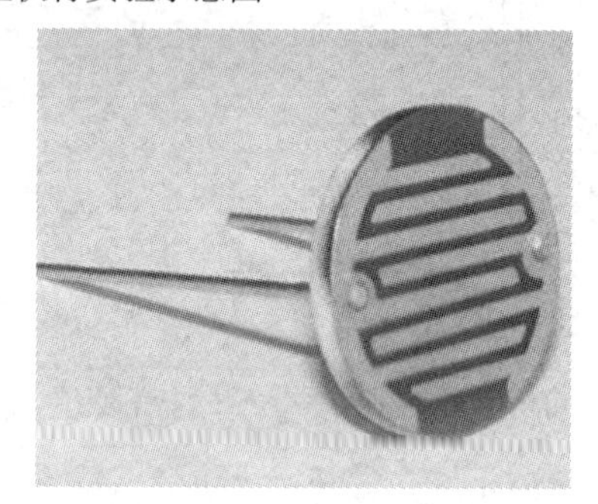

图 1.1.18　光敏电阻实物图

光敏电阻被制成薄片结构，以便吸收更多的光能。在一定的电压作用下，当它受到光的照射时，半导体片（光敏层）内就激发出电子—空穴对，参与导电，使电路中的电流增强。为了获得高的灵敏度，光敏电阻的电极常制成梳状，它是在一定的掩膜下向光电导薄膜上蒸镀金或铟等金属形成的。一般光敏电阻的结构如图 1.1.19 所示。

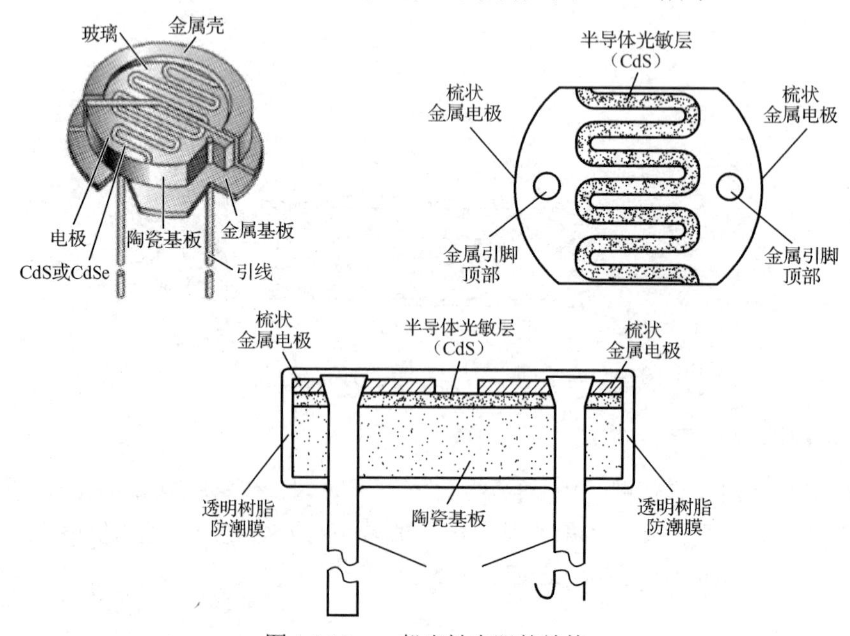

图 1.1.19　一般光敏电阻的结构

光敏电阻通常由光敏层、玻璃基板（或树脂防潮膜）和电极等组成，主要由硫化镉（CdS）制成。光敏电阻分为环氧树脂封装和金属封装两款，属于导线型（DIP 型）。

通过如图 1.1.20 所示的实验电路，可以获得光敏电阻的光谱特性。光敏电阻可分为以下三种：①紫外线光敏电阻，对紫外线较灵敏，包括氮化镓光敏电阻、碳化硅光敏电阻等，用于探测紫外线；②红外线光敏电阻，主要有硫化铅光敏电阻、碲化铅光敏电阻、硒化铅光敏电阻、锑化铟光敏电阻，广泛用于导弹制导、天文探测、非接触测量、人体病变探测、红外光谱测量、红外通信等；③可见光光敏电阻，包括硒光敏电阻、硫化镉光敏电阻、硒化镉光敏电阻、碲化镉光敏电阻、砷化镓光敏电阻、硅光敏电阻、锗光敏电阻、硫化锌光敏电阻等，主要用于各种光电控制系统，在极薄零件的厚度检测器、照相机自动曝光装置、光电计数器、烟雾报警器、光电跟踪系统等方面有广泛的应用。

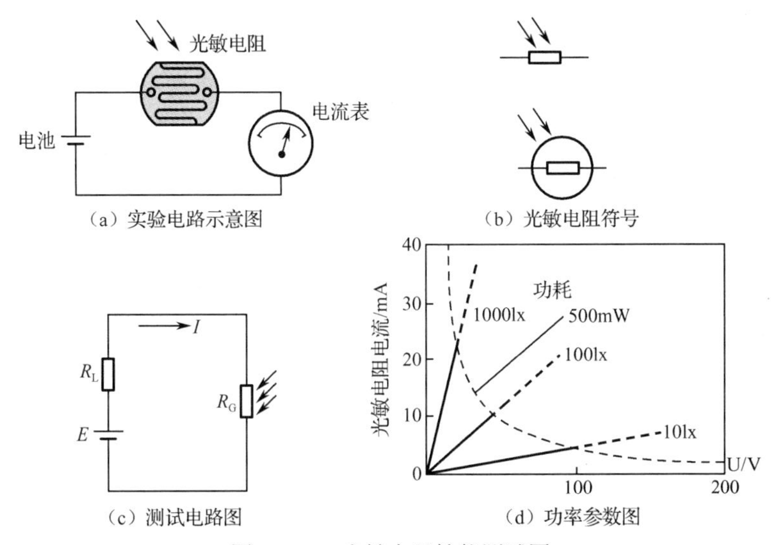

图 1.1.20　光敏电阻性能测试图

光敏电阻主要有以下参数。

（1）光电流、亮电阻。光敏电阻在一定的外加电压下，当有光照射时，流过的电流称为光电流，外加电压与光电流之比称为亮电阻，常用“RL”表示。

（2）暗电流、暗电阻。光敏电阻在一定的外加电压下，当没有光照射时，流过的电流称为暗电流，外加电压与暗电流之比称为暗电阻，常用“RD”表示。

（3）灵敏度。灵敏度是指光敏电阻在不受光照射时的阻值（暗电阻）与受光照射时的阻值（亮电阻）的相对变化值。

（4）光照特性。光照特性是指光敏电阻输出的电信号随光照度的变化而变化的特性。从光敏电阻的光照特性曲线可以看出，随着光照度的增加，光敏电阻的阻值开始迅速下降。若进一步增大光照度，则阻值变化幅度减小，然后逐渐趋向平缓。在大多数情况下，该特性曲线是非线性的。

（5）伏安特性曲线。伏安特性曲线用来描述光敏电阻的外加电压与光电流的关系，对于光敏元器件来说，其光电流随外加电压的增大而增大。

（6）额定功率。额定功率是指光敏电阻在某种电路中所允许消耗的功率。

3. 光敏二极管

光敏二极管是一种利用硅 PN 结受光照后产生光电流的光电元器件，其封装有金属封和塑封两种（圆柱形和扁方形）。光敏二极实物图、结构示意图如图 1.1.21 所示。

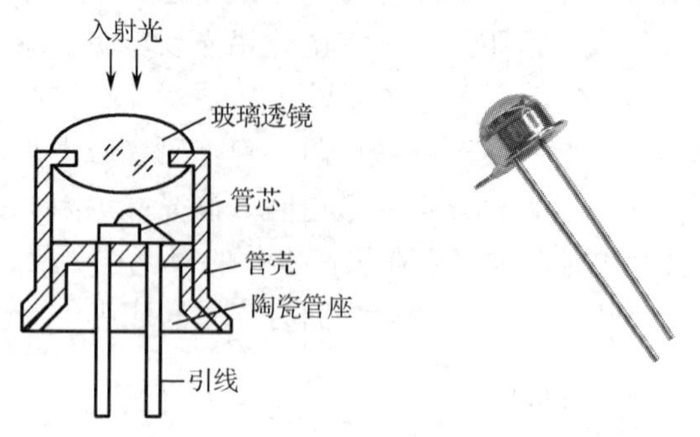

图 1.1.21 光敏二极管实物图、结构示意图

为了提高光敏二极管的稳定性，其实物还外加了一个屏蔽接地脚，使其外形似光敏三极管。光敏二极管工作于反向偏压，测试电路如图 1.1.22 所示，其光照特性主要由半导体材料中掺的杂质的浓度所决定。光敏二极管的光照特性如图 1.1.23 所示。

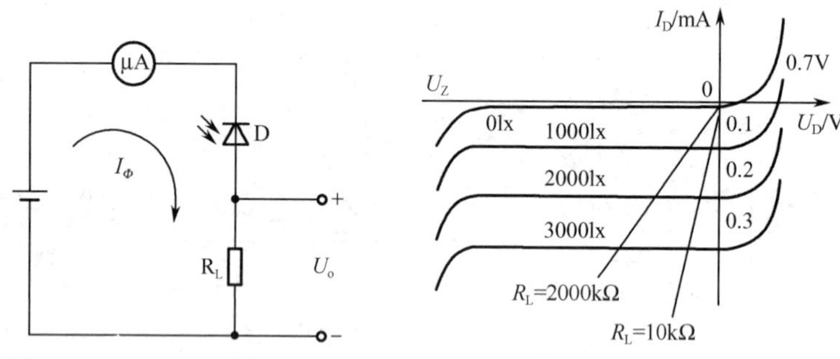

图 1.1.22 光敏二极管测试电路　　图 1.1.23 光敏二极管的光照特性

由图 1.1.23 可以看出，光敏二极管存在一定的反偏电压，同一型号的光敏二极管在不同光照度条件下产生的光电流并不相同。

从图 1.1.24 中可以看出，不同材料的光敏二极管，其光谱响应峰值对应的波长也不同。硅管的峰值波长为 0.8pm，锗管的峰值波长为 1.4pm，由此可以确定光源与光电元器件的最佳匹配。由图 1.1.25 可知，由于锗管的暗电流比硅管的暗电流大，因此锗管性能较差。故在探测可见光或赤热物体时，都用硅管；但对红外线进行探测时，采用锗管比较合适。

4. 光敏三极管

光敏三极管为 NPN 结构，基极为光射窗口，因此大多数光敏三极管只有集电极和发射极两个引脚，也有基极有引脚的，作温度补偿用，不用时剪去。光敏三极管的实物图及结构示意图如图 1.1.26 所示。靠近色点标志的是发射极，离色点标志较远的是集电极，引线较长的是基极。使用光敏三极管大大提高了光电转换的灵敏度。

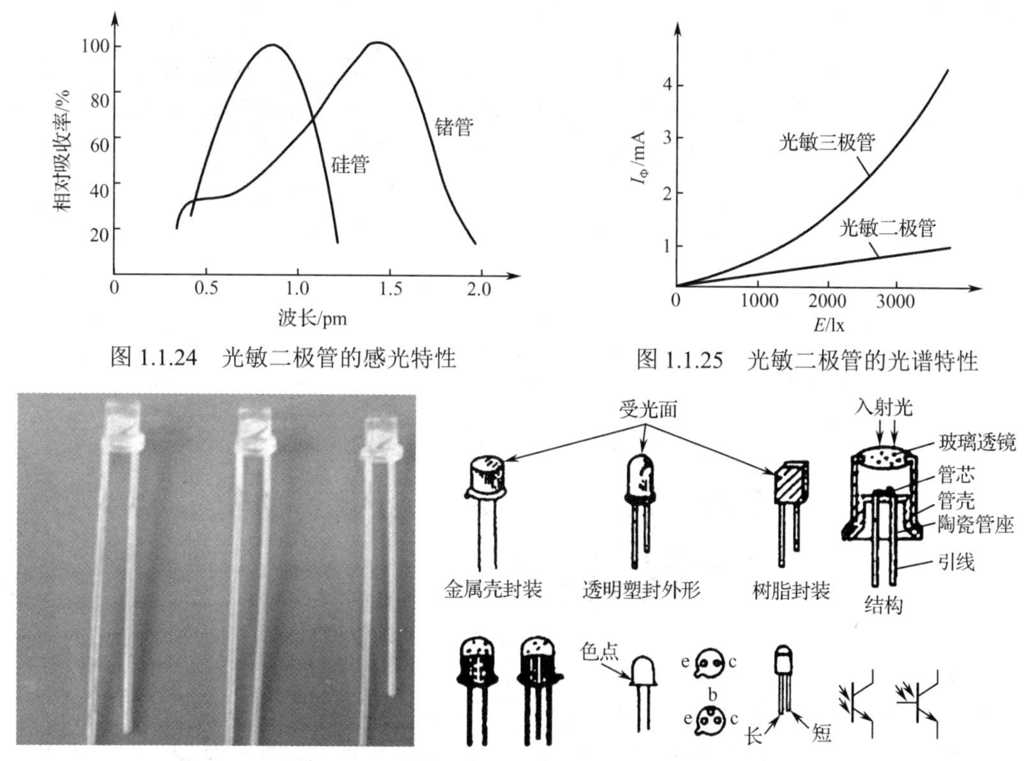

图 1.1.24　光敏二极管的感光特性

图 1.1.25　光敏二极管的光谱特性

图 1.1.26　光敏三极管的实物图及结构示意图

在实际应用中将光敏三极管作为接收元器件时，为提高接收灵敏度，可给它一个适当的偏置电流，即施加一个附加光照，如图 1.1.27 所示，使其进入浅放大区，实际安装时发光二极管不要挡住光敏三极管的受光面，以免影响遥控信号的接收。采用这种办法可以非常有效地提高接收灵敏度，增大遥控距离。

光敏三极管的伏安特性如图 1.1.28 所示，与一般三极管在不同基极电流下的输出特性相似，只是将不同的基极电流换作不同的光照度。光敏三极管的工作电压一般应大于 3V，在伏安特性曲线上绘制负载线，可求得某光照度下的输出电压。

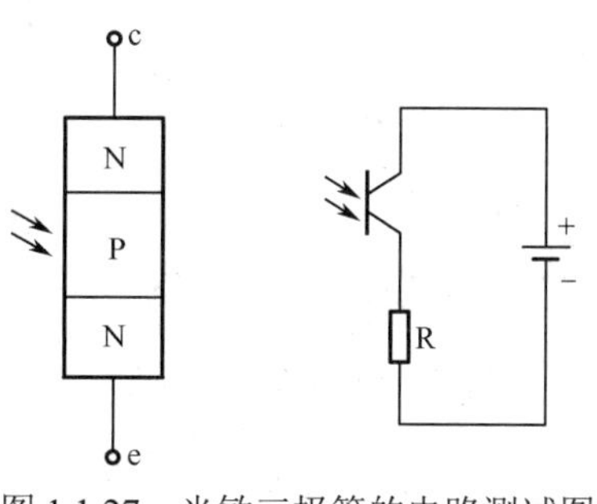

图 1.1.27　光敏三极管的电路测试图

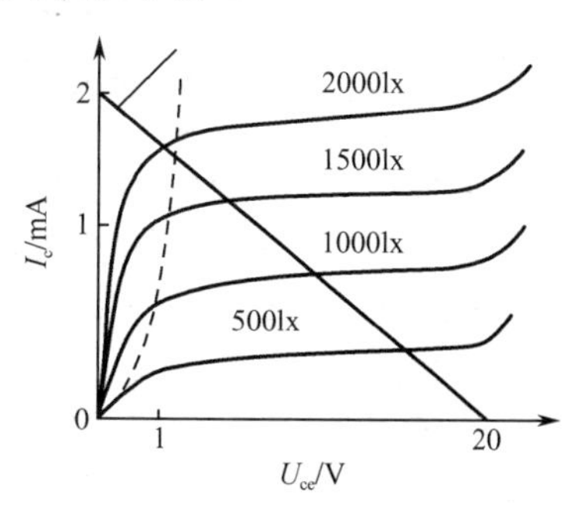

图 1.1.28　光敏三极管的伏安特性

5．光电池

光电池的工作原理基于光电效应，它能将入射光能量转换为电压和电流。光电池的结构、符号如图 1.1.29 所示。光电池的制作材料种类很多，如硅、砷化镓、硒、锗、硫化锡等，其中应用最广泛的是硅。硅光电池性能稳定、光谱范围广、频率特性好、转换效率高且价格便宜。从能量转换角度来看，光电池是作为输出电能的元器件而工作的，从信号检测角度来看，光电池作为一种自发电型的光学量传感器，可用于检测光的强弱及能引起光照度变化的其他非电量。

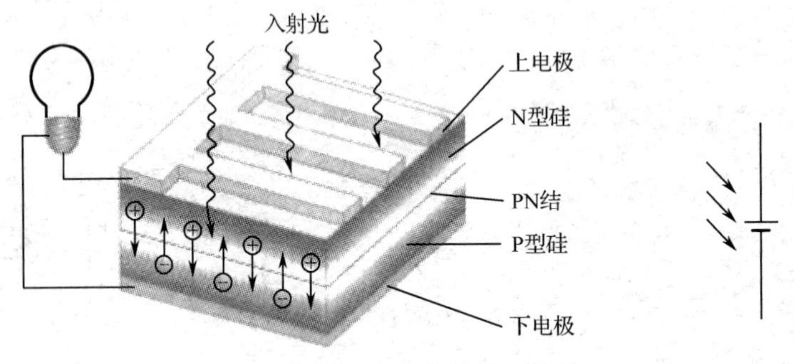

图 1.1.29　光电池的结构、符号

图 1.1.30（a）为硅光电池、硒光电池的光谱特性。从曲线上可以看出，它们的光谱峰值位置是不同的，而且光谱响应波长范围也不一样。硅光电池的光谱响应波长范围为 0.45～1.4μm，而硒光电池的光谱响应波长范围为 0.34～0.7μm。目前，已生产出峰值波长在 0.64μm（可见光）的硅光电池，其在紫光（0.4μm）附近仍然有 65%～70%的相对灵敏度。

如图 1.1.30（b）所示，光电池负载开路时的开路电压与光照度的关系曲线呈非线性关系，近似于对数关系，起始电压上升很快，在 2000lx 以上便趋于饱和。当负载短路时，短路电流与光照度的关系曲线呈线性关系。但随着负载电阻的增加，这种线性关系将变差。因此，当测量与光照度成正比的其他非电量时，可把光电池作为电流源来使用，当被测量是开关量时，可把光电池作为电压源来使用。

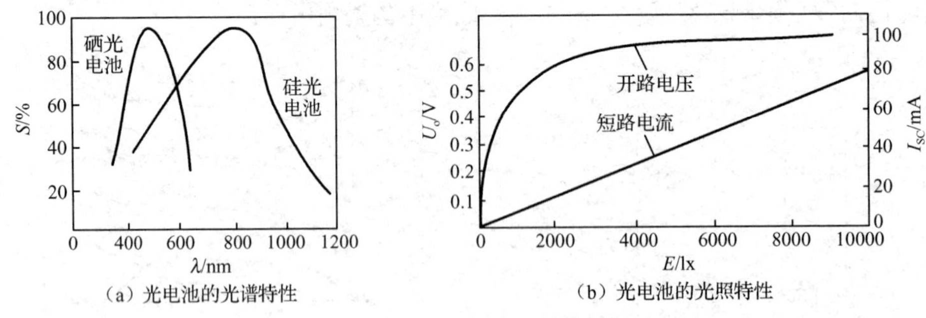

（a）光电池的光谱特性　　（b）光电池的光照特性

图 1.1.30　光电池的参数特性图

温度特性是描述光电池的开路电压（U_o）和短路电流（I_{SC}）随温度变化的特性。开路电压随温度上升而迅速减小，电压温度系数约为−2mV/℃。而短路电流随温度上升而缓慢增大，电流温度系数较小。当光电池作为检测元器件时，应考虑温度漂移的影响，采取相应措施进行补偿。

6．光纤传感器

光纤传感器的基本工作原理是将来自光源的光经传感器通过光纤送入调制器，使待测参数与进入调制器的光相互作用后，光的光学性质（如光的强度、波长、频率、相位、偏振态等）发生变化而成为被调制的光信号，再经过出射光纤送入光探测器、解调器而获得被测参数。光纤传感器的外形和结构如图 1.1.31 所示。

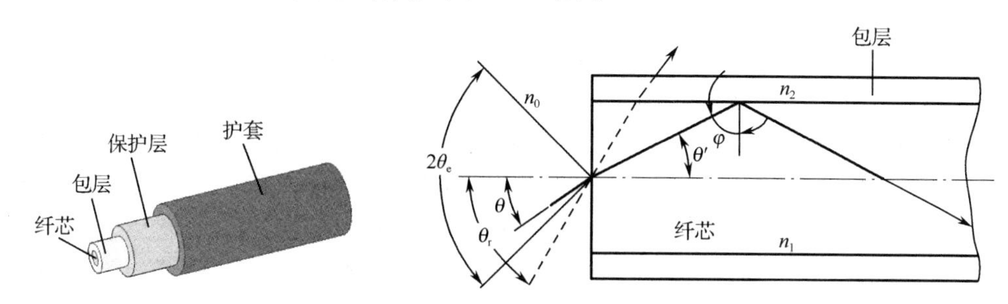

图 1.1.31　光纤传感器的外形和结构

光纤传感器的测量原理有以下两种。

（1）物性型光纤传感器的测量原理。物性型光纤传感器利用光纤对环境变化的敏感性，将输入的物理量变换为调制的光信号。图 1.1.32（a）所示的工作原理基于光纤的光调制效应，即光纤在外界环境因素，如温度、压力、电场、磁场等改变时，其传光特性（如光的相位与强度）会发生变化的现象。

因此，如果能测出通过光纤的光的相位、强度的变化，就可以知道被测物理量的变化。这类传感器又被称为敏感元器件型或功能型光纤传感器。激光器的点光源光束扩散为平行光，经分光器分为两路，一路为基准光路，另一路为测量光路。外界参数（温度、压力等）引起光纤长度的变化和光相位的变化，从而产生不同数量的干涉条纹，对干涉条纹的模向移动进行计数，即可测量温度或压力等。

（2）结构型光纤传感器的测量原理。图 1.1.32（b）中，结构型光纤传感器是由光检测元器件（光敏感元器件）与光纤传输回路及测量电路所组成的测量系统。其中光纤仅作为光的传播媒质，所以结构型光纤传感器又称为传光型或非功能型光纤传感器。

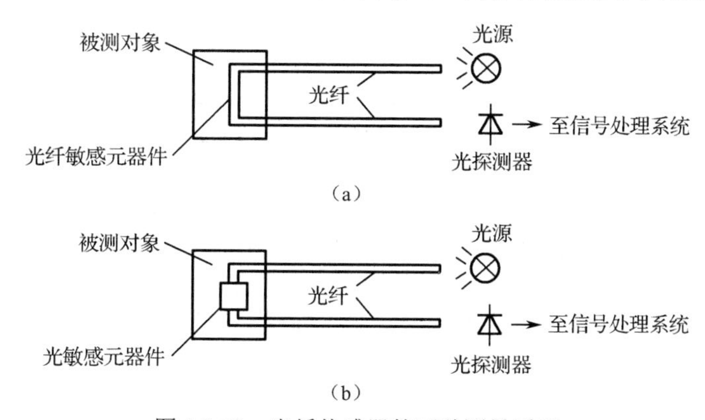

图 1.1.32　光纤传感器的两种测量原理

三、拓展阅读

1．光的物理构成

一束白光射到玻璃棱镜上后，光线经过棱镜折射以后就在另一侧的白纸屏上形成一条彩色的光带，其颜色的排列是靠近棱镜顶角端是红色，靠近底边的一端是紫色，中间依次是橙、黄、绿、蓝、靛，这样的光带叫作光谱。光谱中每一种色光不能再分解出其他色光，称它为单色光。由单色光混合而成的光叫作复色光。自然界中的太阳光、白炽灯和日光灯发出的光都是复色光。在光照到物体上时，一部分光被物体反射，一部分光被物体吸收。透过的光决定透明物体的颜色，反射的光决定不透明物体的颜色。不同物体对不同颜色光的反射、吸收和透过的情况不同，因此呈现不同的色彩。例如，黄色的光照在蓝色的物体上，那么这个物体显示的是黑色。因为蓝色的物体只能反射蓝色的光，而不能反射黄色的光，所以把黄色光吸收了，就只能看到黑色了。但如果物体是白色的话，就反射所有颜色的光。

光到底是什么？如图 1.1.33（a）和（b）所示，光的本质是一个值得研究和必须研究的问题。当今物理学已经达到了一个瓶颈，即相对论与量子论的冲突。光的本质是基本微粒还是像声音一样的波（若是波又在什么介质中传播）对未来研究具有指导性作用。

比较合理的观点是光既是一种粒子同时又是一种波。光具有波粒二象性，就像水滴和水波的关系，如图 1.1.33（c）所示。

（a）自然光

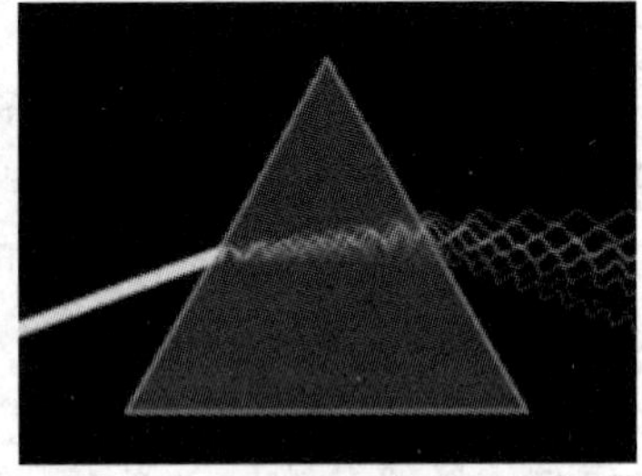
（b）自然光的分解

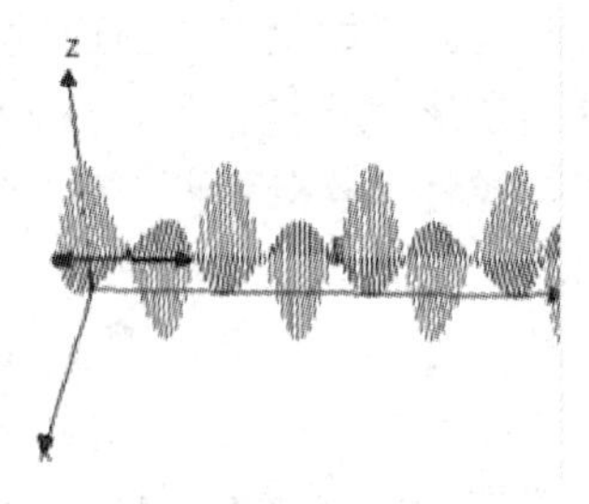

（c）光的电磁特性

图 1.1.33　光的特性

光同时具备以下重要特征。

（1）在几何光学中，光以直线传播。笔直的“光柱”和太阳“光线”都说明了这一点。

（2）在波动光学中，光以波的形式传播。光就像水面上的水波一样，不同波长的光呈现不同的颜色。

（3）光速极快，在真空中速度为 3.0×10^{8}m/s，在空气中的速度要慢些。在折射率更大的介质中，如在水中或玻璃中，传播速度还要慢些。

（4）在量子光学中，光的能量是量子化的，构成光的量子（基本微粒），我们称其为光量子，简称光子，它能引起胶片感光乳剂等物质的化学变化。光照越强，所含的光子越多。

2．光纤的发展历史

1870 年的一天，英国物理学家丁达尔到皇家学会的演讲厅讲光的全反射原理，他做了一个简单的实验：在装满水的木桶上钻个孔，然后用灯从桶上边把水照亮。结果使观众们大吃一惊。人们看到，放光的水从水桶的小孔里流了出来，水流弯曲，光线也跟着弯曲，光居然被弯弯曲曲的水俘获了。

人们曾发现，光能沿着从水桶中喷出的细流传输；人们还发现，光能顺着弯曲的玻璃棒前进。这是为什么呢？难道光线不再直进了吗？这些现象引起了丁达尔的注意，经过他的研究，发现这是全反射的作用，即光从水中射向空气，当入射角大于某一角度时，折射光线消失，全部光线都反射回水中。表面上看，光好像在水流中弯曲前进。实际上，在弯曲的水流里，光仍沿直线传播，只不过在内表面上发生了多次全反射，光线经过多次全反射向前传播。

后来人们制造出一种透明度很高、粗细像蜘蛛丝一样的玻璃丝——玻璃纤维，当光线以合适的角度射入玻璃纤维时，光就沿着弯弯曲曲的玻璃纤维前进。由于这种纤维能够用来传输光线，因此称它为光导纤维。

光纤的编年史：

1880 年，Alexander Graham Bell 发明光束通话传输。

1966 年 7 月，英籍华裔学者高锟博士发表论文《光频率介质纤维表面波导》，从理论上分析证明了用光纤作为传输媒体实现光通信的可能性，并预言了制造通信用的超低损耗光纤的可能性。

1970 年，美国康宁公司三名科研人员马瑞尔、卡普隆、凯克用改进型化学相沉积法（MCVD 法）成功研制成传输损耗只有 20dB/km 的低损耗石英光纤。

1974 年，美国贝尔实验室发明了低损耗光纤制作法——CVD 法（气相沉积法），使光纤传输损耗降低到 1.1dB/km。

1976 年，美国在亚特兰大的贝尔实验室开通了世界上第一条光纤通信试验线路，采用一条拥有 144 根光纤的光缆以 44.736Mbit/s 的速率传输信号，中继距离为 10km，采用的是多模光纤，光源用的是 LED（波长是 0.85μm 的红外光）。

1977 年，贝尔实验室和日本电报电话公司几乎同时研制成功寿命达 100 万小时的半导体激光器。

1979 年，赵梓森研制出我国自主研发的第一根实用光纤，被誉为“中国光纤之父”。

1980 年，多模光纤通信系统商用化，人们开始着手单模光纤通信系统的现场试验工作。

1990 年，单模光纤通信系统进入商用化阶段，人们开始着手进行零色散移位光纤、波分复用及相干通信的现场试验，而且陆续制定数字同步体系（SDH）的技术标准。

1992 年，贝尔实验室与日本合作伙伴成功地试验了可以无错误传输 9000km 的光放大器，其最初速率为 5Gbit/s，随后增加到 10Gbit/s。

1996 年，通信速率达 10Gbit/s 的 SDH 产品进入商用化阶段。

1997 年，采用波分复用技术（WDM）的通信速率达 20Gbit/s 和 40Gbit/s 的 SDH 产品试验取得重大突破。

1999 年，中国生产的 8×2.5Gbit/s WDM 光纤通信系统首次在青岛至大连开通，沈阳至大连的 32×2.5Gbit/s WDM 光纤通信系统开通。

2005 年，通信速率达 3.2Tbit/s 的超大容量的光纤通信系统在上海至杭州开通。

2005 年，FTTH（Fiber To The Home）开始大规模应用。

2012 年，中国的光纤铺设里程已达到 1 亿 2 千万芯公里。

任务考核

（1）通过网络查询一款未罗列出来的光学量传感器，填写表1.1.2。

表1.1.2　光学量传感器查询

型　号	分　类	功　能	优　点	价　格

（2）整理一款光学量传感器，填写任务报告，内容包括型号、封装、原理、电路图、应用领域及应用电路。

任务2　光学量传感器的标定

任务描述

利用THSRZ-1传感器实训台进行光学量传感器的标定，为后续的传感器电路的设计与制作打下坚实的基础。

任务要求

（1）能够使用THSRZ-1传感器实训台；

（2）能够标定光敏电阻的参数，记录相关数据；

（3）能够使用对射式光电传感器对转动源速度标定，记录相关数据；

（4）能够使用光纤传感器对转动源速度标定，记录相关数据。

任务分析

（1）在了解相关传感器工作原理的基础上，了解检测目标；

（2）掌握THSRZ-1工作台的布局及各模块的使用方法；

（3）根据实训指导书完成相关实训内容的练习；

（4）记录数据，加以分析，填写实验报告。

任务实施

一、转速控制仪实验

1. 实验目的

了解转速控制仪的组成及控制。

2. 实验仪器

智能调节仪、转动源。

3．实验原理

利用霍尔传感器检测到的转速频率信号经 F/V 转换后作为转速的反馈信号，该反馈信号与智能调节仪的转速的设定值比较后进行数字 PID 运算，调节电压驱动器改变直流电机电枢电压，使电机的转速逐渐趋近转速的设定值（1500～2500r/min）。转速控制系统流程图如图 1.1.34 所示。

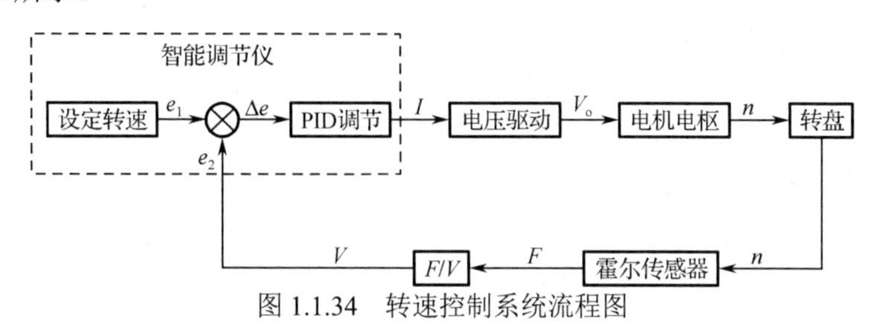

图 1.1.34　转速控制系统流程图

4．实验内容与步骤

（1）选择智能调节仪的控制对象为转速，并按图 1.1.35 接线。开启控制台总电源，打开智能调节仪电源开关。调节 2～24V 输出电压调节旋钮，调节到最大位置。

（2）按住(SET)键 3s 以下，进入智能调节仪 A 菜单，仪表靠上的窗口显示“SU”，靠下的窗口显示待设置的设定值。当 LOCK 等于 0 或 1 时使能，设置转速的设定值，按←键可改变小数点位置，按↑或↓键可修改靠下的窗口的设定值（参考值为 1500～2500）。否则提示“LCK”表示已加锁。再按住(SET)键 3s 以下，回到初始状态。

（3）按住(SET)键 3s 以上，进入智能调节仪 B 菜单，靠上的窗口显示“DAH”，靠下的窗口显示待设置的上限报警值。按←键可改变小数点位置，按↑或↓键可修改靠下的窗口的上限报警值。上限报警时仪表右上 AL1 指示灯亮（参考值为 5000）。

（4）继续按住(SET)键 3s 以下，靠上的窗口显示“ATU”，靠下的窗口显示待设置的自整定开关，控制转速时无效。

（5）继续按住(SET)键 3s 以下，靠上的窗口显示“P”，靠下的窗口显示待设置的比例参数值，按←键可改变小数点位置，按↑或↓键可修改靠下的窗口的比例参数值。

（6）继续按住(SET)键 3s 以下，靠上的窗口显示“I”，靠下的窗口显示待设置的积分参数值，按←键可改变小数点位置，按↑或↓键可修改靠下的窗口的积分参数值。

（7）继续按住(SET)键 3s 以下，靠上的窗口显示“LCK”，靠下的窗口显示待设置的锁定开关，按↑或↓键可修改靠下的窗口的锁定开关状态值，为“0”表示允许 A、B 菜单，为“1”表示只允许 A 菜单，为“2”表示禁止所有菜单。继续按住(SET)键 3s 以下，回到初始状态。

（8）经过一段时间（20min 左右）后，转动源的转速可控制在设定值，控制精度为±2%。

（9）学生可根据自己的理解设定 P、I 相关参数，并观察转速控制效果。

5．实验报告

简述转速控制原理并画出其原理框图。

二、光电转速传感器的转速测量实验

1．实验目的

了解光电转速传感器测量转速的原理及方法。

2．实验仪器

转动源、光电转速传感器、直流稳压电源、频率/转速表、通信接口（含上位机软件）。

3．实验原理

光电转速传感器有反射型和透射型两种，本实验装置是透射型的，传感器端部有发光管和光电池，发光管发出的光通过转盘上的孔透射到光电接收管上，并转换成电信号，由于转盘上有等间距的 6 个透射孔，转动时将获得与转速及透射孔数有关的脉冲，将电脉计数即可得到转速值。

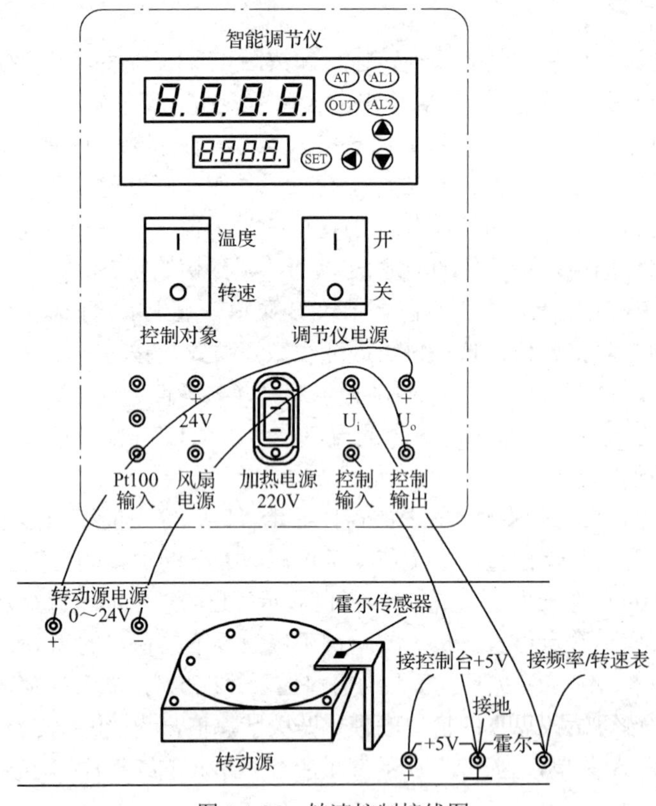

图 1.1.35　转速控制接线图

4．实验内容与步骤

（1）将光电转速传感器安装在转动源上，如图 1.1.36 所示。将 24V 可调电源输出端接到三源板的转动电源输入端，并将 24V 可调电源输出端电压调节到最小，将+5V 电源接到三源板光电转速传感器的电源端，将光电转速传感器的输出端接到频率/转速表的 fin 端。

（2）合上主控制台电源开关，逐渐增大 24V 可调电源输出端电压，使转动源转速加快，观测频率/转速表的显示，同时可通过通信接口的 CH1 用上位机软件观察光电转速传感器的输出波形。

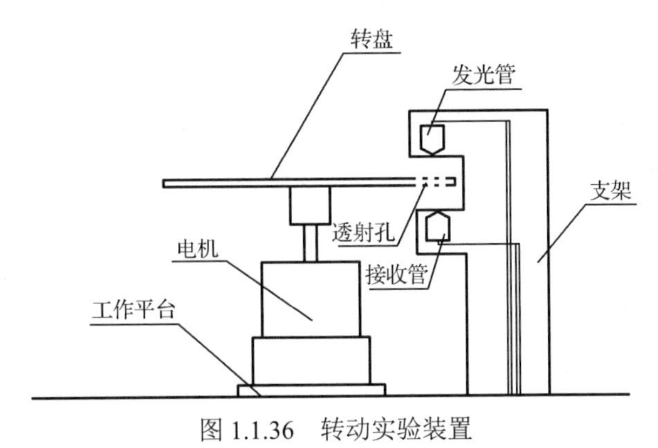

图 1.1.36　转动实验装置

5. 实验报告

根据测得的驱动电压和转速，绘制电压-转速曲线，并与其他传感器测得的曲线比较。

三、光纤位移传感器的测速实验

1. 实验目的

了解利用光纤位移传感器测转速的方法。

2. 实验仪器

光纤位移传感器模块、Y 型光纤传感器、直流稳压电源、数显直流电压表、频率/转速表、转动源、通信接口（含上位机软件）。

3. 实验原理

光纤位移传感器探头对旋转被测物反射光的明显变化产生电脉冲，经电路处理可测量转速。

4. 实验内容与步骤

（1）将光纤位移传感器按图 1.1.37 安装在传感器支架上，使光纤探头对准转盘边缘的反射点，探头距离反射点 1mm 左右（在光纤位移传感器的线性区域内）。

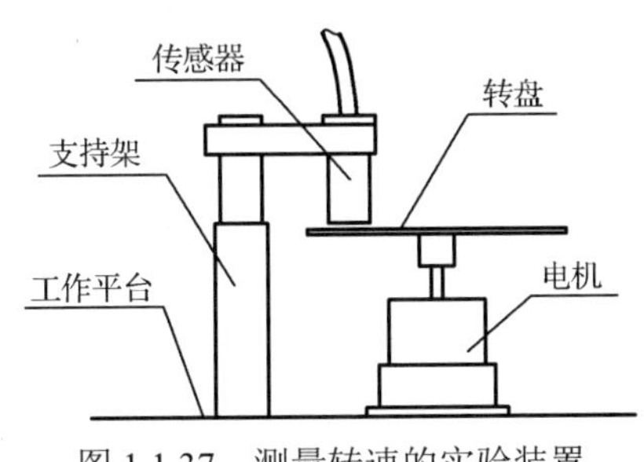

图 1.1.37　测量转速的实验装置

（2）用手拨动一下转盘，使探头避开反射面（避免产生暗电流），接好实验模块±15V电源，模块输出端 U_o 接到直流电压表输入端。调节 R_w 使直流电压表显示为零。（R_w 确定后不能改动。）

（3）将模块输出端 U_o 接到频率/转速表的输入端 fin。

（4）将 2～24V 直流电源先调到最小，接到三源板的转动电源输入端，合上主控台电源开关，逐步增大 2～24V 直流电源输出，用直流电压表监测转动源的驱动电压，并记下相应的频率/转速表读数。

5．思考题

（1）分析光纤位移传感器测量转速原理。

（2）根据记录的驱动电压和转速，绘制电压-转速曲线。

任务考核

（1）完成实验项目，填写实训报告。

（2）能够熟练使用操作台，完成相应的实训任务。

驱动型项目　路灯控制器的设计与调试

> - **项目描述**：利用光学量传感器对光学量的检测，设计并制作一款能够应用于日常生活的控制器，实现学以致用的教学目标。
> - **知识要点**：光敏电阻的控制电路的设计；
>   弱电控制强电的控制电路设计。
> - **技能要点**：能够焊接和调试光敏电阻组成的光控开关；
>   能够测试和调节光电开关的灵敏度，增大检测距离。

任务描述

随着人们对绿色节能及产品智能化的关注，光学量传感器获得了越来越多的应用。自制一简易路灯控制器电路，该电路能够模拟路灯自动功能（也适用于其他类似场合照明或设备开关）。

任务要求

（1）能够选择合适参数的传感器实现亮度检测；

（2）实现交流电源供电，有光灯灭，无光灯亮；

（3）能够动手制作光控延时电路，并测试参数。

任务分析

路灯控制器电路原理图如图 1.2.1 所示，通过 LM317 可调直流电源模块实现交流电（220V）转直流电（9V），将 9V 直流电连接到本电路的电源 J1 口，经过 LM7805 实现降压功能，输出 5V 直流电，作用在 D2 两端，使得 D2 点亮。电阻 R1 与光敏电阻 RG1 串联构成分压电路，当光照度降低的时候，RG1 电阻阻值增大，1IN−电位升高。当 1IN−电位高于 1IN+电位时，LM393 的通道 1 反向输入端的电压高于同向输入端的电压，进而在 1OUT 输出端口获得一个低电平控制信号，D1 点亮。在低电平输出信号控制下，驱动三极管 Q1 开通，进而驱动继电器线圈带电，使常开触点闭合，常闭触点断开。LED 为模拟路灯，将 J3 串联到 J2 的常开或常闭端口上，同时可以串接 5V 或 9V 电源，实现路灯照明电路的控制。其中，二极管 D2 是电源指示灯，D1 是信号变化指示灯，LED 是模拟路灯。

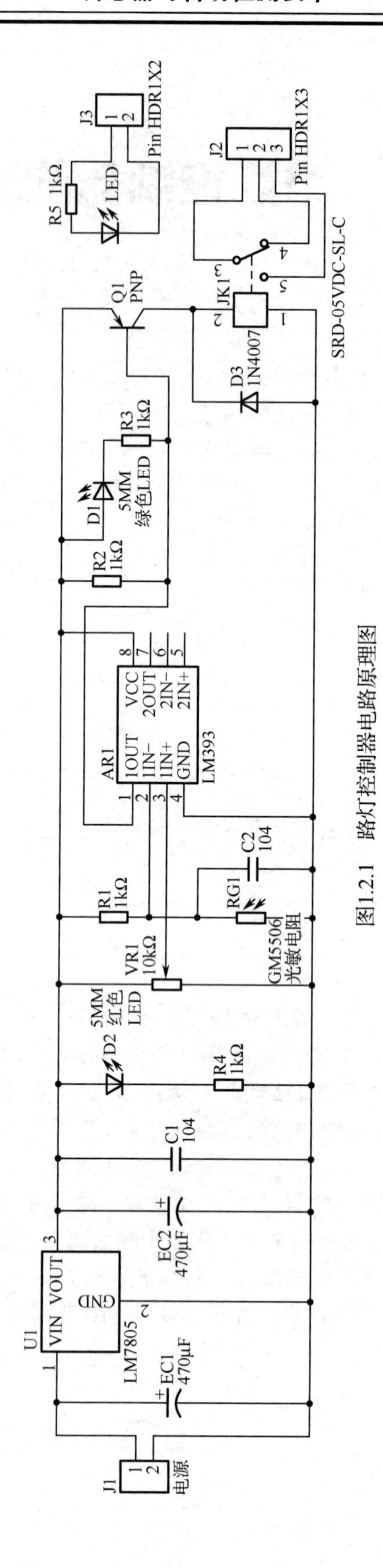

图1.2.1　路灯控制器电路原理图

任务实施

一、准备阶段

制作路灯控制器采用的传感器为光敏电阻，主要的元器件有放大器 LM393、继电器和三极管，其余元器件基本都为通用元器件，路灯控制器元器件清单如表 1.2.1 所示。

表 1.2.1 路灯控制器元器件清单

元 器 件	描 述	标 号	封 装	库	数量
LM393	比较放大器	AR1	DIP8	LM393	1
104	无极性电容	C1，C2	RAD-0.2	CAP	2
5MM 绿色 LED	放大器输出指示灯	D1	LED3-RED	LED	1
5MM 红色 LED	电源指示灯	D2	LED3-RED	LED	1
1N4007	普通二极管	D3	DO-15	DIODE	1
470μF	直插电解电容	EC1，EC2	DIP-EC2.5X5X11	DIP_ECAP	2
电源	9V 电源输入端	J1	Pin HDR1X2/2.54mm-S	Pin HDR1X2	1
Pin HDR1X3	继电器常开常闭输出端	J2	Pin HDR1X3/2.54mm-S	Pin HDR1X3	1
Pin HDR1X2	负载电源输入端	J3	Pin HDR1X2/2.54mm-S	Pin HDR1X2	1
SRD-05VDC-SL-C	5V 的继电器	JK1	SRD-C_B	SRD-05VDC-SL-C	1
LED	负载模拟指示灯	LED	LED5-RED	LED	1
S8550	PNP 型三极管	Q1	TO-92A	PNP	1
1kΩ	电阻	R1，R2，R3，R4，R5	AXIAL0.3	RES	5
GM5506 光敏电阻	光敏电阻	RG1	Photoresistor	Photoresistor	1
LM7805	稳压模块	U1	TO220A	LM7805	1
10kΩ	可调电阻	VR1	微调卧式蓝白电位器	RESVR	1

二、核心元器件

1．光敏电阻

GM5506 光敏电阻的结构如图 1.2.2 所示，实用的光敏电阻的暗电阻往往超过 1MΩ，甚至高达 100MΩ，而亮电阻则在 2kΩ以上，根据电路设计选择合适的阻值，暗电阻与亮电阻之比为 10^2～10^6，可见光敏电阻的灵敏度很高。常见的 GM 光敏电阻参数如表 1.2.2 所示。

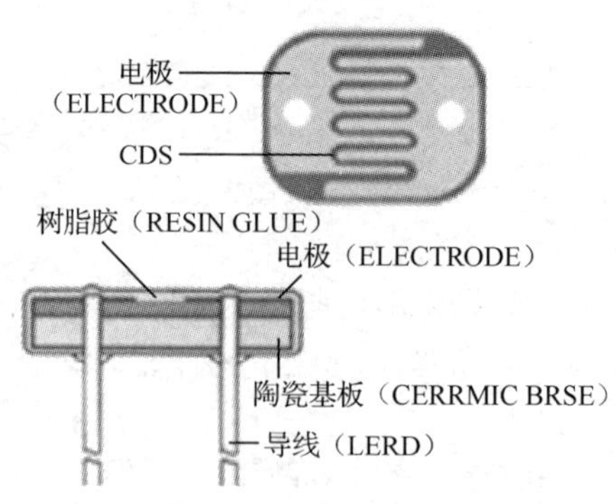

图 1.2.2　GM5506 光敏电阻的结构

表 1.2.2　常见的 GM 光敏电阻参数

规格	型　号	最大电压/V	最大功率/mW	光谱峰值/nm	亮电阻/kΩ	暗电阻/MΩ	γ	响应时间/ms	
								上升	下降
ϕ3系列	GM3516	100	50	540	5～10	0.6	0.5	30	30
	GM3528	100	50	540	10～20	1	0.6	30	30
	GM3537-1	100	50	540	20～30	2	0.6	30	30
	GM3537-2	100	50	540	30～50	3	0.7	30	30
	GM3539	100	50	540	50～100	5	0.8	30	30
	GM3549	100	50	540	100～200	10	0.9	30	30
ϕ4系列	GM4516	150	50	540	5～10	0.6	0.5	30	30
	GM4528	150	50	540	10～20	1	0.6	30	30
	GM4537-1	150	50	540	20～30	2	0.6	30	30
	GM4537-2	150	50	540	30～50	3	0.7	30	30
	GM4539	150	50	540	50～100	5	0.8	30	30
	GM4549	150	50	540	100～200	10	0.9	30	30
ϕ5系列	GM5506	150	100	540	2～5	0.2	0.5	30	30
	GM5516	150	100	540	5～10	0.5	0.5	30	30
	GM5528	150	100	540	10～20	1	0.6	30	30
	GM5537-1	150	100	540	20～30	2	0.6	30	30
	GM5537-2	150	100	540	30～50	3	0.7	30	30
	GM5539	150	100	540	50～100	5	0.8	20	30
	GM5549	150	100	540	100～200	10	0.9	20	30
ϕ7系列	GM7516	150	100	540	5～10	0.5	0.6	30	30
	GM7528	150	100	560	10～20	1	0.6	30	30
	GM7537-1	150	150	560	20～30	2	0.7	30	30
	GM7537-2	150	150	560	30～50	4	0.8	30	30
	GM7539	150	150	560	50～100	8	0.8	30	30

续表

规格	型　号	最大电压/V	最大功率/mW	光谱峰值/nm	亮电阻/kΩ	暗电阻/MΩ	γ	响应时间/ms	
								上升	下降
ϕ12系列	GM12516	250	200	560	5～10	1	0.6	30	30
	GM12528	250	200	560	10～20	2	0.6	30	30
	GM12537-1	250	200	560	20～30	3	0.7	30	30
	GM12537-2	250	200	560	30～50	5	0.7	30	30
	GM12539	250	200	560	50～100	8	0.8	30	30
ϕ20系列	GM20516	500	500	560	5～10	0.5	0.6	30	30
	GM20528	500	500	560	10～20	1	0.6	30	30
	GM20537-1	500	500	560	20～30	2	0.7	30	30
	GM20537-2	500	500	560	30～50	3	0.7	30	30
	GM20539	500	500	560	50～100	5	0.8	30	30
ϕ25系列	GM25516	500	500	560	5～10	8	0.6	30	30
	GM25528	500	500	560	10～20	2	0.6	30	30
	GM25537-1	500	500	560	20～30	3	0.7	30	30
	GM25537-2	500	500	560	30～50	5	0.7	30	30
	GM25539	500	500	560	50～100	8	0.8	30	30

最大外加电压是指在黑暗中可连续施加给元器件的最大电压；暗电阻是指在关闭10lx光照后第10s的阻值；最大功耗是指环境温度为25℃时的最大功率；亮电阻是指用400～600lx光照射2h后，在标准光源（色温2854K）10lx光下的测试值；γ值是指10lx光照度和100lx光照度下的标准阻值之比的对数。光敏电阻的温度特性曲线如图1.2.3（a）所示，光谱响应特性曲线如图1.2.3（b）所示，光照度—电阻特性曲线如图1.2.4所示。

$$\gamma = \lg(R_{10}/R_{100}) \big/ \lg(100/10) = \lg(R_{10}/R_{100})$$

式中，R_{10}、R_{100}分别为10lx、100lx光照度下的阻值。

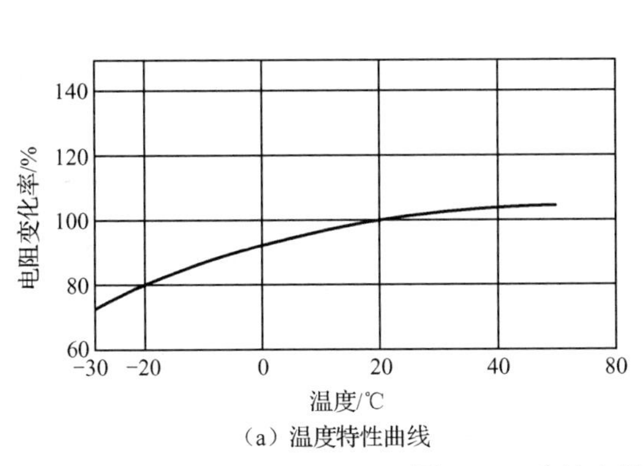

（a）温度特性曲线

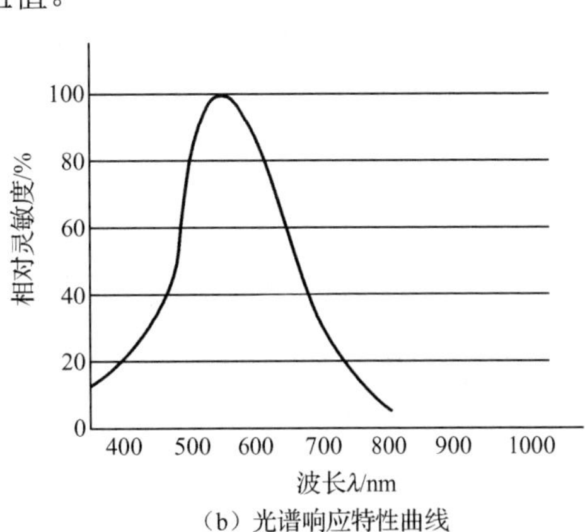

（b）光谱响应特性曲线

图1.2.3　光敏电阻的主要特性曲线

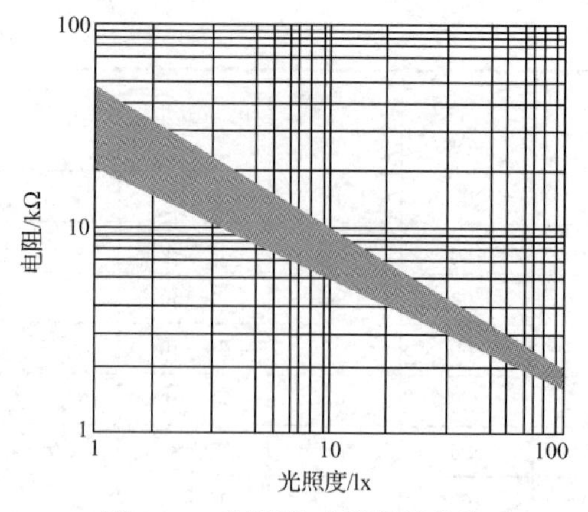

图 1.2.4 光照度-电阻特性曲线

2. 比较放大器 LM393

LM393 是双电压比较器集成电路，其输出负载电阻能衔接在可允许电源电压范围内的任何电源电压上，不受 VCC 端电压值的限制。如图 1.2.5 所示，当不接负载电阻时，此输出端可处理为简单的对地开路。当工作电流值达到极限电流（16mA）时，输出电压将很快上升。

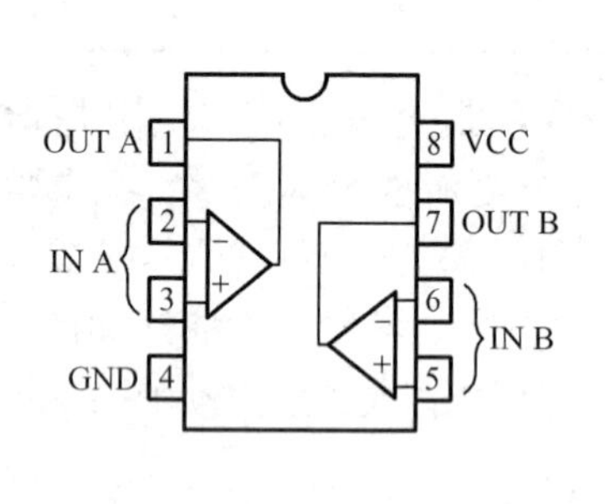

引出端序号	符　号	功　能
1	OUT A	输出 A
2	IN A−	反相输入 A
3	IN A+	同相输入 A
4	GND	接地端
5	IN B+	同相输入 B
6	IN B−	反相输入 B
7	OUT B	输出 B
8	VCC	电源电压

图 1.2.5 LM393 芯片引脚图

LM393 基本参数表如表 1.2.3 所示。

表 1.2.3 LM393 基本参数表

参 数 名 称	符　号	数　值	单　位
电源电压	VCC	±18 或 36	V
差模输入电压	V_{ID}	±36	V
共模输入电压	V_I	−0.3～VCC	V
功耗	P_d	570	mW
工作环境温度	T_{opr}	0～70	℃
储存温度	T_{stg}	−65～150	℃

由表 1.2.3 可以看出，LM393 是由两个差动放大器构成的，电源电压极限是 36V，差模输入电压最大为 36V，功耗为 570mW。在同向输入端接地，反向输入端从高电平向低电平变化或由低电平上升到高点的过程中，输出端电压会出现反转。根据图 1.2.6 能够看出，电压传输时间有一个时间延时。

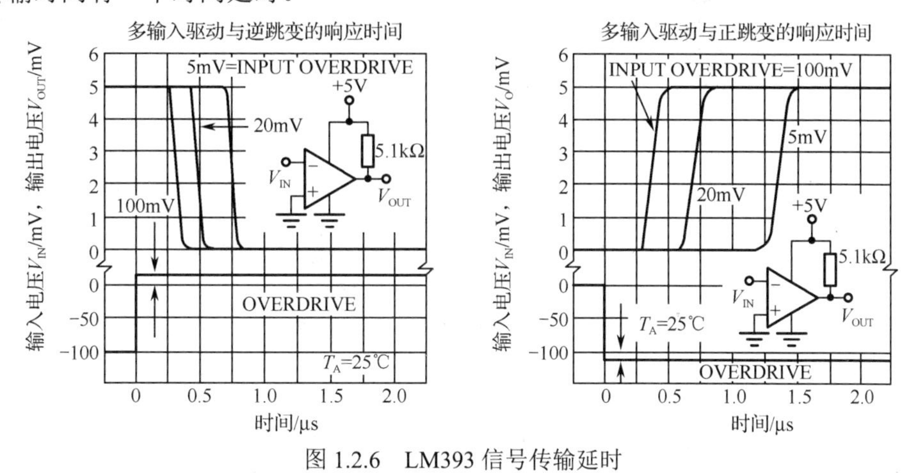

图 1.2.6　LM393 信号传输延时

3. PNP 型三极管

S8550 是一种 PNP 型小功率三极管。三极管是半导体基本元器件之一，具有电流放大作用，是电子电路的核心元器件，S8550 的引脚、封装和等效电路如图 1.2.7 所示。三极管是在一块半导体基片上制作两个相距很近的 PN 结，两个 PN 结把整块半导体分成三部分，中间部分是基区，两侧部分分别是发射区和集电区。三极管的排列方式有 PNP 和 NPN 两种。S8550 属于 PNP 型，与 S8050（NPN 型）配合使用，主要用于音频放大和收音机的推挽输出及开关等。S8550 电子特性如表 1.2.4 所示。S8550 的静态特性曲线如图 1.2.8 所示。

表 1.2.4　S8550 电子特性（在环境温度 25℃）

参　　数	符　　号	测 试 条 件	最小值	典型值	最大值	单位
集电极-基极击穿电压	$V_{(BR)CBO}$	I_C=100μA，I_E=0	40			V
集电极-发射极击穿电压	$V_{(BR)CEO}$	I_C =0.1mA，I_B=0	25			V
发射极-基极击穿电压	$V_{(BR)EBO}$	I_E=100μA，I_C=0	5			V
集电极反向饱和电流	I_{CBO}	V_{CB}=40V，I_E=0			0.1	μA
集电极穿透电流	I_{CEO}	V_{CE}=20V，I_B=0			0.2	μA
发射极反向饱和电流	I_{EBO}	V_{EB}=3V，I_C=0			0.1	μA
直流电流放大倍数	$H_{FE(1)}$	V_{CE}=1V，I_C=50mA	85		300	
	$H_{FE(2)}$	V_{CE}=1V，I_C=500mA	50			
集电极-发射极饱和电压	$V_{CE(sat)}$	I_C=500mA，I_B=50mA			0.6	V
基极-发射极饱和电压	$V_{BE(sat)}$	I_C=500mA，I_B=50mA			1.2	V
基极-发射极电压	V_{BE}	I_E=100mA			1.4	V
特征频率	f_T	V_{CE}=6V，I_C=20mA，f=30MHz	150			MHz

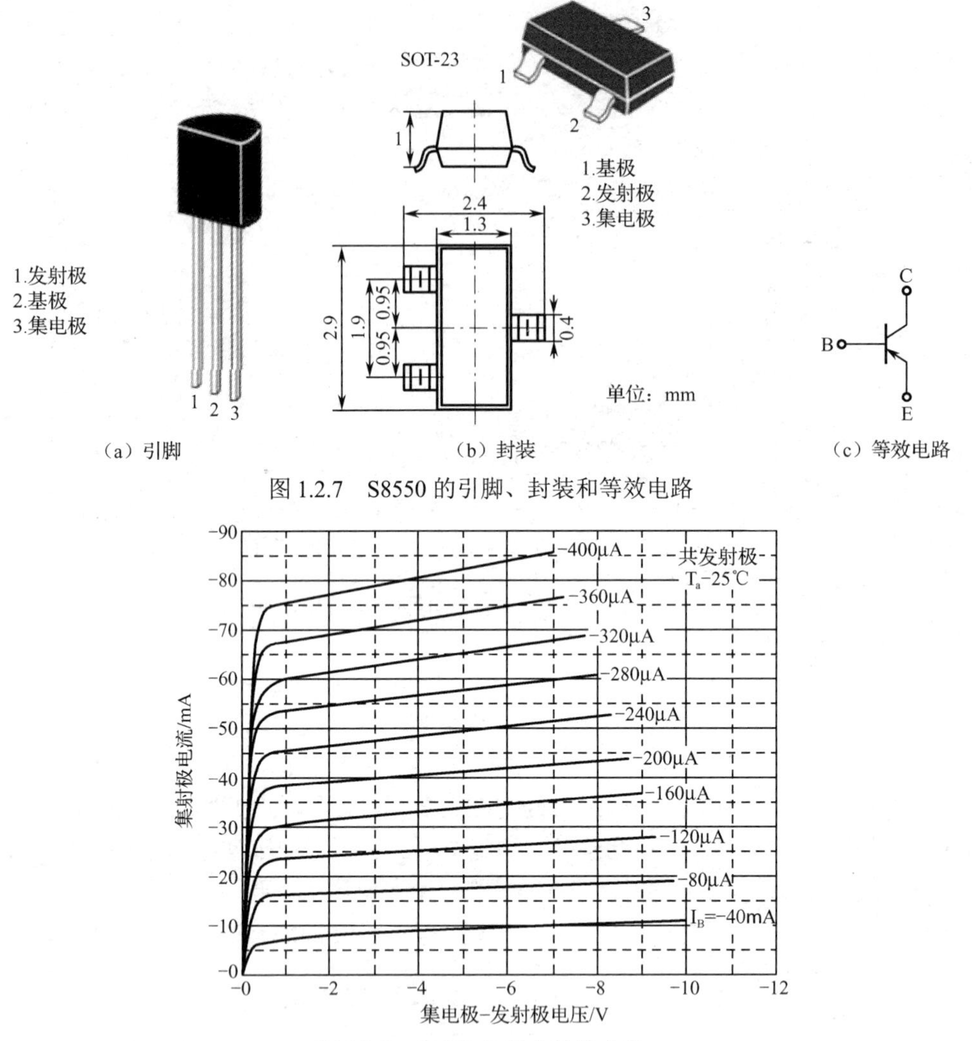

图 1.2.7 S8550 的引脚、封装和等效电路

图 1.2.8 S8550 的静态特性曲线

4．固态继电器 SRD-05VDC-SL-C

固态继电器（Solid State Relay，SSR）是一种全部由固态电子元器件组成的新型无触点开关元器件，它利用电子元器件（如开关三极管、双向可控硅等半导体元器件）的开关特性，可达到无触点无火花地接通和断开电路的目的，因此又被称为无触点开关。固态继电器是一种四端或五端有源元器件，其中两个端子为输入控制端，另外两端或三端为输出受控端。固态继电器既有放大驱动作用，又有隔离作用，很适合驱动大功率开关式执行机构，较之电磁继电器可靠性更高，且无触点、寿命长、速度快，对外界的干扰也小，已得到广泛应用。固态继电器 SRD-05VDC-SL-C 的结构功能图如图 1.2.9 所示。

固态继电器的命名规则如图 1.2.10 所示。SRD-05VDC-SL-C 的特性参数和线圈规格分别如表 1.2.5 和表 1.2.6 所示。固态继电器的使用注意事项如下。

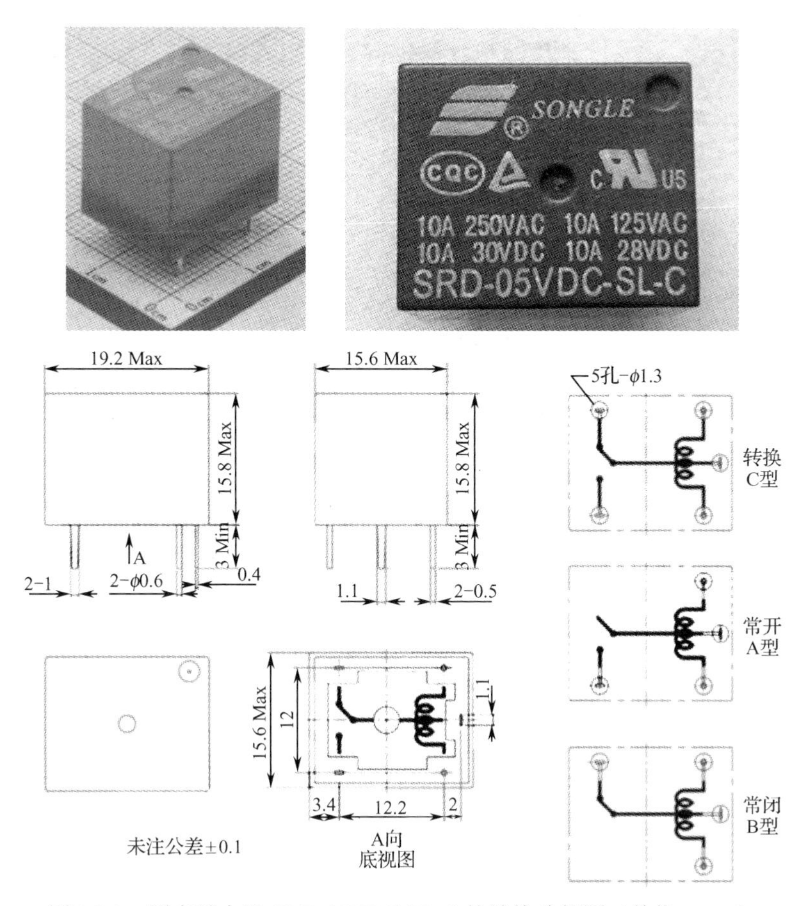

图 1.2.9　固态继电器 SRD-05VDC-SL-C 的结构功能图（单位：mm）

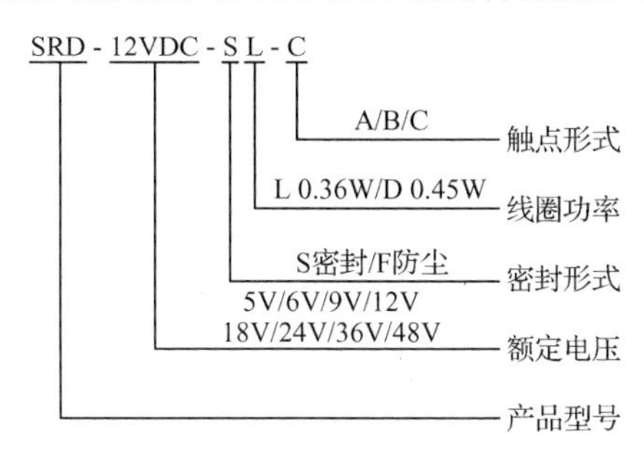

触点形式	A/B/C
接触电阻	100mΩ
触点材质	银合金
触点负载	7A/250V AC
最大切换电压	250V AC
最大切换电流	35A
最大切换功率	3750VA
最大寿命	1×10^5 次/1×10^4 次
机械寿命	1×10^7 次

图 1.2.10　固态继电器的命名规则

（1）在选用小电流规格印制电路板使用的固态继电器时，因引线端子为高导热材料制成，焊接时应在温度小于 250℃、时间小于 10s 的条件下进行，考虑周围温度的原因，必要时可考虑降额使用，一般将负载电流控制在额定值的 1/2 以内使用。

表 1.2.5　SRD-05VDC-SL-C 的特性参数

<table>
<tr><td colspan="2">绝缘等级</td><td>B/F</td></tr>
<tr><td colspan="2">绝缘电阻</td><td>100MΩ（500V DC）</td></tr>
<tr><td rowspan="2">介质耐压
（漏电流 1mA）</td><td>线圈与触点间</td><td>1500V AC 1min</td></tr>
<tr><td>断开触点间</td><td>1000V AC 1min</td></tr>
<tr><td colspan="2">吸合时间（额定电压下）</td><td><10ms</td></tr>
<tr><td colspan="2">释放时间（额定电压下）</td><td><10ms</td></tr>
<tr><td colspan="2">湿度</td><td>85% RH（20℃）</td></tr>
<tr><td colspan="2">环境温度</td><td>-40～85℃/-40～105℃</td></tr>
<tr><td rowspan="2">抗冲击</td><td>稳定性</td><td>98m/s²</td></tr>
<tr><td>强　度</td><td>980m/s²</td></tr>
<tr><td colspan="2">抗振动（双振幅）</td><td>10～55Hz（1.5mm）</td></tr>
<tr><td colspan="2">质量</td><td>约 9g</td></tr>
<tr><td colspan="2">封装形式</td><td>密封型</td></tr>
</table>

表 1.2.6　SRD-05VDC-SL-C 的线圈规格（常温 20˚C）

<table>
<tr><th>功耗/W</th><th>电压/V（DC）</th><th>电流/mA</th><th>电阻/Ω±10%</th><th>吸合电压</th><th>释放电压</th><th>过载电压</th></tr>
<tr><td rowspan="8">0.36W
（L）</td><td>05</td><td>71.4</td><td>70</td><td rowspan="8">75% Max</td><td rowspan="8">10% Min</td><td rowspan="8">130%</td></tr>
<tr><td>06</td><td>60</td><td>100</td></tr>
<tr><td>09</td><td>40</td><td>225</td></tr>
<tr><td>12</td><td>30</td><td>400</td></tr>
<tr><td>18</td><td>20</td><td>900</td></tr>
<tr><td>24</td><td>15</td><td>1600</td></tr>
<tr><td>36</td><td>10</td><td>3600</td></tr>
<tr><td>48</td><td>7.5</td><td>6400</td></tr>
<tr><td rowspan="8">0.45W
（D）</td><td>05</td><td>89.3</td><td>55</td><td rowspan="8">75% Max</td><td rowspan="8">10% Min</td><td rowspan="8">130%</td></tr>
<tr><td>06</td><td>75</td><td>80</td></tr>
<tr><td>09</td><td>50</td><td>180</td></tr>
<tr><td>12</td><td>37.5</td><td>320</td></tr>
<tr><td>18</td><td>25</td><td>720</td></tr>
<tr><td>24</td><td>18.7</td><td>1280</td></tr>
<tr><td>36</td><td>12.5</td><td>2880</td></tr>
<tr><td>48</td><td>10</td><td>4500</td></tr>
</table>

（2）各种负载浪涌特性对固态继电器的选择。被控负载在接通瞬间会产生很大的浪涌电流，由于热量来不及散发，很可能使固态继电器内部可控硅损坏，因此用户在选用固态继电器时应先对被控负载的浪涌特性进行分析，再选择固态继电器，使固态继电器在保证稳态工作前提下能够承受这个浪涌电流。

（3）环境温度的影响。固态继电器的负载能力受环境温度和自身温升的影响较大，在安装使用过程中，应保证其有良好的散热条件，额定工作电流在 10A 以上的产品应配散热器，额定工作电流在 100A 以上的产品应配散热器加风扇强冷。在安装时应注意继电器底部与散热器的良好接触，并考虑涂适量导热硅脂以达到最佳散热效果。

（4）过流、过压保护措施。在固态继电器使用时，因过流和负载短路会造成固态继电器内部输出可控硅永久损坏，可考虑在控制回路中增加快速熔断器和空气开关予以保护（继电器应选择产品输出保护，内置压敏电阻吸收回路和 RC 缓冲器，可吸收浪涌电压和提高 dv/dt 耐量）。

（5）继电器输入回路信号。在使用时因输入电压过高或输入电流过大超出其规定的额定参数，可考虑在输入端串接分压电阻或在输入端并接分流电阻，以使输入信号不超过其额定参数值。

（6）在具体使用时，控制信号和负载电源要求稳定，波动不应大于 10%，否则应采取稳压措施。

三、焊接注意事项

1．光敏电阻的检测

（1）用一黑纸片将光敏电阻的透光窗口遮住，此时万用表的指针基本保持不动，阻值接近无穷大。阻值越大说明光敏电阻性能越好。若阻值很小或接近为零，说明光敏电阻已烧穿损坏，不能再继续使用。

（2）将一光源对准光敏电阻的透光窗口，此时万用表的指针应有较大幅度的摆动，阻值明显减小些。阻值越小说明光敏电阻性能越好。若阻值很大甚至无穷大，说明光敏电阻内部开路损坏，也不能再继续使用。

（3）将光敏电阻透光窗口对准入射光线，用黑纸片在光敏电阻的遮光窗口上部晃动，使其间断受光，此时万用表指针应随黑纸片的晃动而左右摆动。若万用表指针始终停在某一位置且不随纸片晃动而摆动，说明光敏电阻的光敏材料已经损坏。

2．元器件的焊接

在焊接元器件时，要注意合理布局，先焊接小元器件，后焊接大元器件，防止小元器件插接后掉下来的现象。焊接完成后先自查元器件焊接的质量，观察焊接引脚的正确性，如果有问题，在修改完成确认无误后，通电测试。

如果电路焊接正确，通电后，在无光照的情况下，小灯泡点亮。在有光照的情况下，小灯泡熄灭。改变光照度，寻找转换节点亮度参数。可以通过调节 RP 电阻的阻值，实现合适的亮度参数控制。

四、电路的布局及测试

根据图 1.2.1、图 1.2.11 和表 1.2.1，进行电路的焊接和测试，最终效果图应该如图 1.2.12 所示。

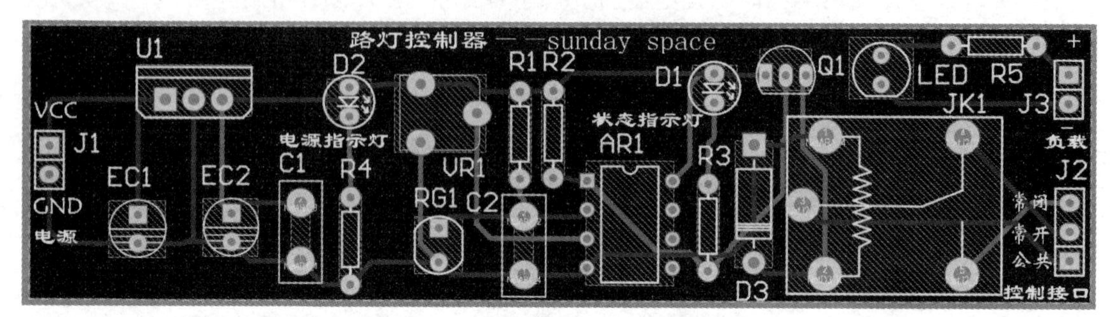

图 1.2.11 路灯控制器电路接线图

焊接的时候，采用“从左向右，逐步焊接，逐步测试”原则。首先焊接 LM7805 电源部分和电源指示灯，接通电源后，电源指示灯点亮，说明电源无问题。接着焊接 LM393 和状态指示灯，改变光敏电阻的光照度，状态指示灯出现亮灭的变化，调整 VR1，能够调整光照设定值。然后焊接继电器和负载电路，当状态指示灯变化的时候，继电器会有吸合的声音。

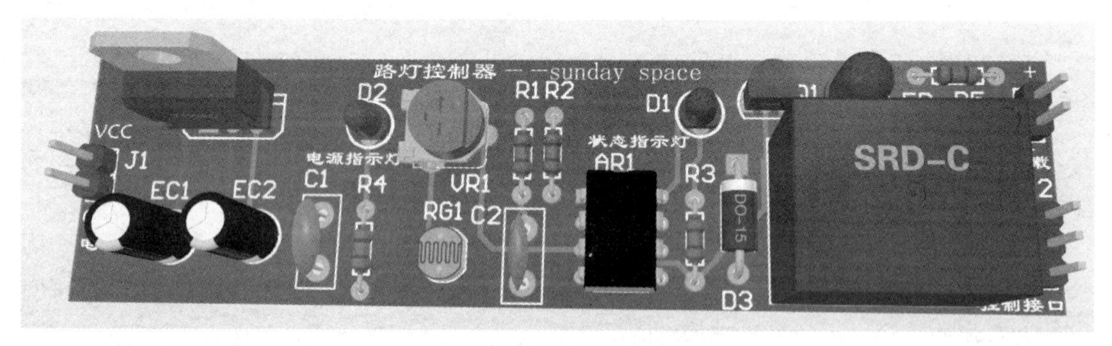

图 1.2.12 路灯控制器焊接效果图

注意：本电路有强电的存在，一定要注意安全用电；在环境光线变化的情况下，需要重新调节电位器位置。

任务考核

独立完成任务的制作。

创新型项目　智能光控报警系统的设计与制作

> ➢ **项目描述**：将光学量传感器与单片机结合，构建一个智能控制系统，实现多种逻辑控制模式，并将其应用到日常的控制技术中，提高工业、民用的智能化水平。
> ➢ **知识要点**：了解光敏电阻模块的电路；
> 掌握单片机最小系统的构成；
> 掌握单片机C语言的编程及下载方法。
> ➢ **技能要点**：掌握光学量自动控制系统编程方法；
> 能够实现光学量自动控制系统的创新设计。

任务描述

传感器与单片机相结合能够极大地拓展传感器的应用领域，在自动化控制领域有着极大的应用前景。通过光敏电阻获取光照度，将这个值与设定参数进行比较，当满足一定条件时，实现蜂鸣器报警和指示灯显示。同时，为了便于观察，需要在液晶屏上显示相关参数。

任务要求

（1）选择合适的传感器模块，实现与单片机的连接；
（2）能够设定光照极限，实现蜂鸣器报警及指示灯指示；
（3）编程模块化程序，实现控制报警功能。

任务分析

图 1.3.1 所示为智能光控报警系统的硬件结构图，采用以 STC89C51 单片机为核心的最小系统作为控制核心，采用 LCD1602 液晶屏作为显示模块，显示光照特性“亮”或“暗”。采用杜邦线将通用传感器接口（P11、P7）连接到单片机 P3.5 引脚上。传感器模块采用光敏电阻，对光照度进行检测，检测结果通过比较器与设定参数进行比较，获得高/低电平，送入单片机中，实现信号采集。

51 单片机的控制程序采用 C 语言编写。首先，对 LCD1602 液晶屏、按键、蜂鸣器、指示灯、通用传感器接口（P11、P7）进行初始化，保证相关设备处于初始状态。然后，在主程序中不断检测 P3.5 引脚状态，当光照度信号较小时，蜂鸣器报警、指示灯点亮，液晶屏显示“dark”；当光照度信号较大时，蜂鸣器、指示灯皆不工作，液晶屏显示“bright”；

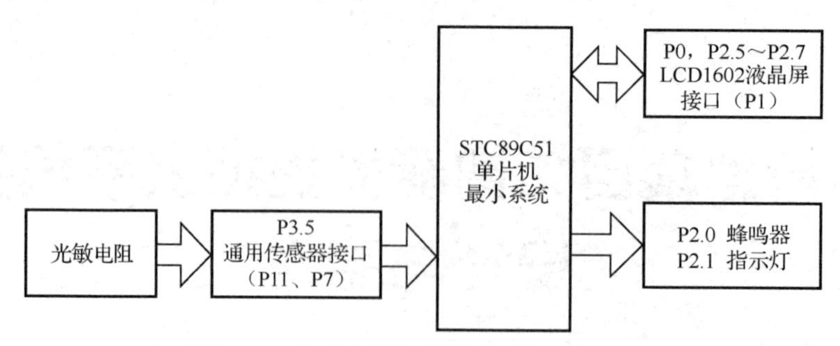

图 1.3.1 智能光控报警系统的硬件结构图

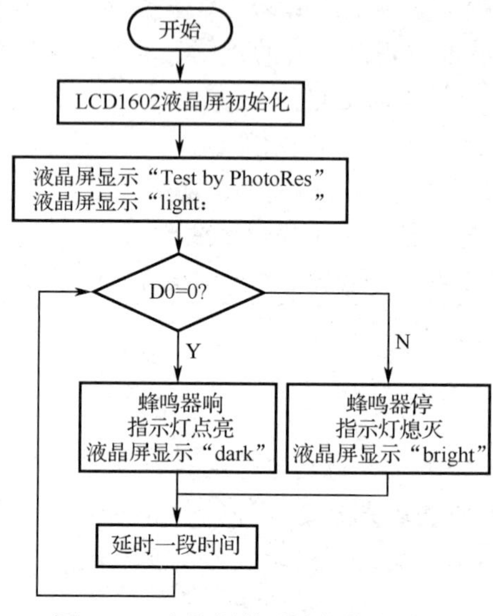

图 1.3.2 光控报警系统软件流程图

任务实施

一、模块测试分析

1. 模块焊接与测试

根据图 1.3.3 可知，光敏电阻模块使用时需注意以下几个问题。

（1）光敏电阻模块对环境光线敏感，一般用来检测周围环境的光照度，触发单片机或继电器模块等。

（2）当环境的光照度达不到设定值时，DO 端输出高电平，当环境的光照度超过设定值时，DO 端输出低电平。

（3）DO 端可以与单片机直接相连，通过单片机来检测高/低电平，由此来检测环境的光照度改变。

（4）DO 端可以直接驱动继电器模块，由此可以组成一个光控开关。

（5）小板模拟量输出端 AO 可以和 A/D 模块相连，通过 A/D 转换，可以获得更精准的光照度。

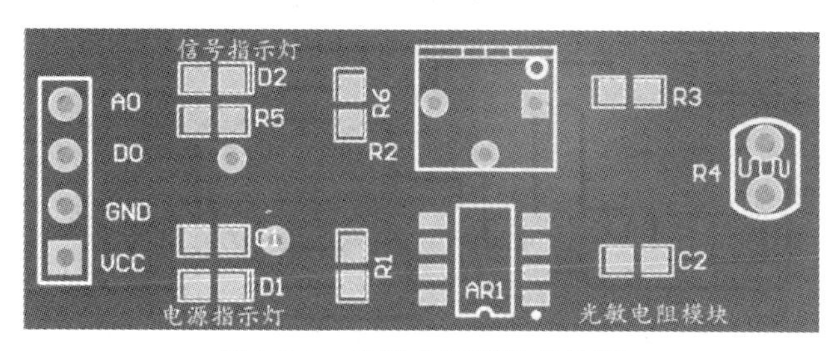

图 1.3.3　光敏电阻模块结构图

根据图 1.3.4 的原理图可以看出，光照度减小，电阻增大，反向端电压升高。当光照度小于设定值时，放大器反向输入端电压大于正向输入端电压，DO 端输出低电平，信号指示灯点亮。否则，DO 端输出高电平，信号指示灯熄灭。

该光敏电阻模块采用光敏电阻进行光照度信号检测，检测信号与滑动变阻器分压值进行比较，输出信号干净。该电路的驱动能力强，达到 15mA。可调电位器调节光照度设定值，DO 端为光敏电阻模块开关量输出引脚，AO 端为光敏电阻模块模拟量输出引脚。

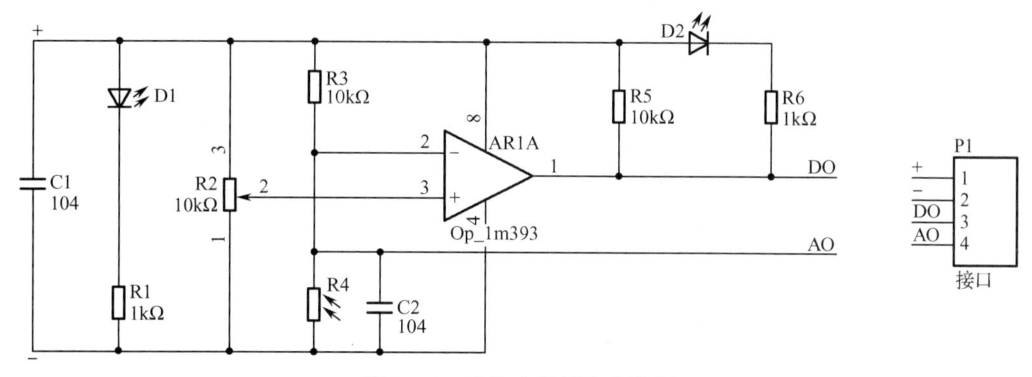

图 1.3.4　光敏电阻模块电路图

2．光敏电阻特性分析

光敏电阻是半导体光敏电子元器件，常见的有 GM 光敏电阻，它具有体积小、灵敏度高、反应速度快、光谱特性，以及γ值一致性好、线性好等特点，在高温、高湿的恶劣环境下，还能保持高度的稳定性和可靠性，可广泛应用于草坪灯、照相机、验钞机、石英钟、音乐杯、路灯的自动开关，以及各种光控玩具、光控灯饰、灯具等的自动开关。

光敏电阻的灵敏度易受湿度的影响，因此要将导光电导体严密封装在玻璃壳体中，配套需要电阻套、滤光片、防水罩等。如果把光敏电阻连接到外电路中，在外加电压的作用下，用光照射就能改变电路中电流的大小。

分析光敏电阻要从有光照、无光照和光照的强弱程度三种情况来考虑。通过特殊的生产工艺可以生产出对特定波长范围光线更敏感的电阻，但是自然光、阳光的波长范围太宽，会影响光敏电阻或其他光敏元器件的应用，使用的时候需要采用以下两点改善。

（1）加装光路。光是直线传播的，制作特定的光通路和一些光路屏障（如收发端使用圆管、孔洞、反射镜、透镜、滤光器等）。

（2）编码光信号。对发射出的光信号按一定的规则进行编码或调试。这样接收端就容易根据规则挑选信号了。

二、电路与编程

1．硬件焊接

硬件按照图 1.3.5（a）～（c）的顺序焊接。

（1）将光敏电阻和四脚弯针焊接在传感器模块上。

（2）将传感器模块直接连接到开发板通用传感器接口 P11 上，或者采用排线将传感器模块与开发板 P7 接口相连。

（3）接通电源。

（4）按下按键 S1。

（5）屏幕显示光照度。

（6）减小光照度，指示灯点亮，蜂鸣器报警。

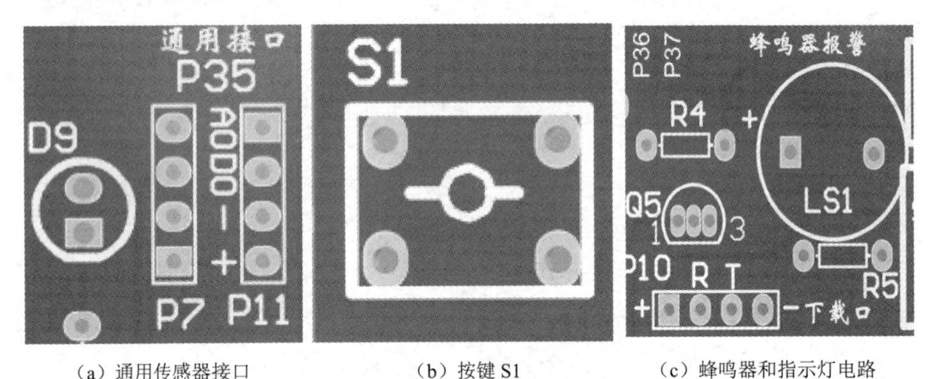

（a）通用传感器接口　（b）按键 S1　（c）蜂鸣器和指示灯电路

图 1.3.5　智能光控报警系统硬件焊接示意图

图 1.3.5（a）为通用传感器接口（P11、P7），直接连接到单片机 P3.5 引脚。图 1.3.5（b）为按键 S1，在内部完整程序中，通过该按键可实现光敏电阻模块的信号检查与控制。图 1.3.5（c）为蜂鸣器和指示灯电路，通过程序加以控制。智能光控报警系统硬件焊接效果图如图 1.3.6 所示。

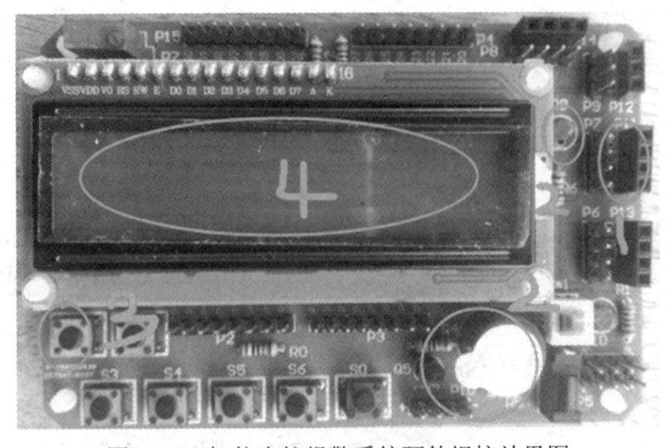

图 1.3.6　智能光控报警系统硬件焊接效果图

2．软件编程

```
/**************************************************************************
* 文件名：光学量的检测与控制——光敏电阻 GM3516 传感器
* 描　述：实现光照度检测与控制
* 创建人：天之苍狼，2018 年 9 月 1 日
* 版本号：SHD_JY_ 1.06
* 技术支持论坛：六安市双达电子科技有限公司、六安职业技术学院
**************************************************************************
*   1.通过本例程了解光敏电阻的工作原理，了解光学量检测方法
*   2.了解掌握比较放大器的工作原理及对开关量的一般编程方法
*       ①将光敏电阻和四脚弯针焊接在传感器模块上
*       ②将传感器模块直接连接到开发板通用传感器接口 P11 上，或者采用排线将传感器模块与开发
*         板 P7 接口相连
*       ③接通电源
*       ④按下按键 S1
*       ⑤屏幕显示光照度
*       ⑥减弱光照度，指示灯点亮，蜂鸣器报警
*       P0 口+ P2.5，P2.6，P2.7 为 LCD1602 液晶屏驱动引脚，P2.0 为蜂鸣器报警电路驱动引脚，P2.1
*       为 LED 报警电路驱动引脚，P3.5 引脚连接通用传感器接口 P11
* 注意：晶振频率为 12.000MHz，其他频率需要自己换算延时数值
**************************************************************************/
#include <reg51.h>
#include <intrins.h>
#include "lcd1602.h"

sbit PhotoRes = P3^5;
sbit Warn_LED = P2^1;
sbit Warn_Buzzer = P2^0;

/*******************************************************
函数功能：延时 1ms
(3j+2)*i=(3×33+2)×10=1010(μs)，可以认为是 1ms
*******************************************************/
void delay1ms()
{
    unsigned char i,j;
    for(i=0;i<4;i++)
    for(j=0;j<33;j++);
}
/*******************************************************
函数功能：延时若干毫秒
入口参数：n
*******************************************************/
void delaynms(unsigned char n)
{
```

```
    unsigned char i;
    for(i=0;i<n;i++)
    delay1ms();
}

/**************************************************
函数功能：主函数
**************************************************/
void main(void)
{
      L1602_init();
      L1602_string(1,1," Test by PhotoRes");
      L1602_string(2,1,"light:          ");

    while(1)                                    //不断检测并显示温度
    { //当环境的光照度低于设定值时，DO 端输出低电平
        if(PhotoRes==0)
            {
                L1602_string(2,8,"dark   ");
                Warn_LED = 0;                   //指示灯亮
                Warn_Buzzer = 0;                //蜂鸣器报警
            }
      //当环境的光照度高于设定值时，DO 端输出高电平
            else
            {
                L1602_string(2,8,"bright");
                Warn_LED = 1;
                Warn_Buzzer = 1;
            }
      }
}
```

三、注意事项

（1）光敏电阻模块可通过独立测试，可调节模块上面的变阻器可改变相关值。

（2）确保电路焊接无虚焊、短路等现象。

（3）将传感器与控制器的引脚连接合适。

任务考核 ◎

独立完成任务的制作。

教学情境二

温度量的检测与处理

在一次“校园安全”讨论会上，同学们讨论用电安全问题，其中有同学提出在寝室用“热得快”烧水，冬天用“小太阳”进行取暖的危害性，以及在使用过程中无法控制温度导致的安全隐患。有同学说能不能在家用电器上增加一些智能的控制器件，当温度达到设定值以后能够切断热源。于是，部分同学开始进行自动温控系统的研究……

引导型项目　认识温度量传感器

- **项目描述：** 通过网络搜索温度量传感器，了解相关传感器的性能、价格、应用领域；
  通过对常用温度量传感器的认知，能够熟练使用常用的温度量传感器。
- **知识要点：** 了解温度量传感器的基本原理及分类；
  掌握热电偶、热电阻、集成温度传感器的结构及特性。
- **技能要点：** 能根据测量对象选用合适的温度量传感器；
  会分析常见的温度量传感器电路。

✧ 任务 1 熟悉常用温度量传感器

任务描述

通过网络查找主流的温度量传感器，了解其用途、型号、价格，并通过线上资源了解各类温度量传感器的工作原理。

✧ 任务 2 温度量传感器的标定

任务描述

利用 THSRZ-1 传感器实训台进行温度量传感器的标定，为后续的传感器电路的设计与制作打下坚实的基础。

任务 1　熟悉常用温度量传感器

任务描述

通过网络查找主流的温度量传感器，了解其用途、型号、价格，并通过线上资源了解各类温度量传感器的工作原理。

任务要求

（1）能够识别主要的温度量传感器；
（2）了解温度量传感器的工作原理；
（3）能够根据需要选择合适的温度量传感器。

任务分析

（1）通过网络大体了解温度量传感器的类型；
（2）搜索相关厂家的官方网站，下载传感器的说明书；
（3）根据产品说明书，掌握传感器的参数及用法。

任务实施

一、主要的温度量传感器及其参数

1．手柄式热电偶

手柄式热电偶又称手持式热电偶，专供测量各种形状的固体介质的表面温度，以及测量液体、气体的温度。手柄式热电偶使用范围很广，不受物体表面的形状限制，外形轻巧，携带方便。由于手柄式热电偶具有直径小、可弯曲、抗震动、热响应时间短、紧固耐用和可靠性高等优点，与数字显示仪配合使用可直接测量并显示不同生产过程中 0～1200℃范围内的各种介质的温度，被广泛用于冶金、化工、纺织、印染、造纸、橡胶、塑料、陶瓷、粮仓等工业部门、企业。手柄式热电偶如图 2.1.1 所示。

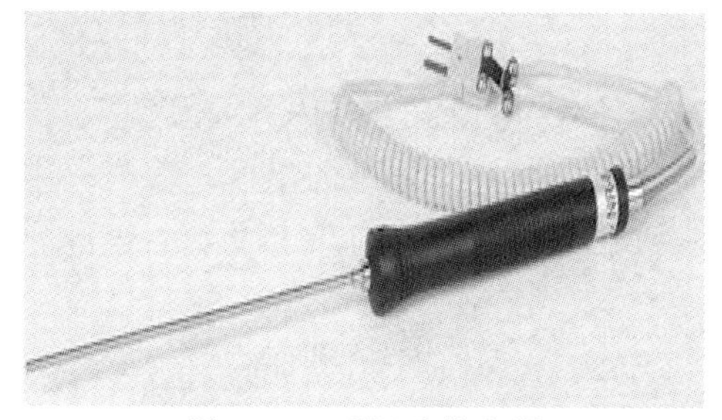

图 2.1.1　手柄式热电偶

2．螺钉式热电偶

螺钉式热电偶是采用国际 IEC 标准生产的装配式热电偶产品。工业装配式热电偶作为测量温度的变送器，通常和显示仪表、记录仪表和电子调节器配套使用。螺钉式热电偶可以直接测量各种生产过程中的 0～400℃范围的液体和气体介质，以及固体的表面温度。螺钉式热电偶通常由感温元件、安装固定装置和接线盒等主要部件组成。安装时先将热电偶固定在被测物体上面，然后将连接螺栓拧紧在被测物体上，再将热电偶紧贴被测物，拧紧卡套螺钉，最后拧上锁紧卡套。螺钉式热电偶如图 2.1.2 所示。

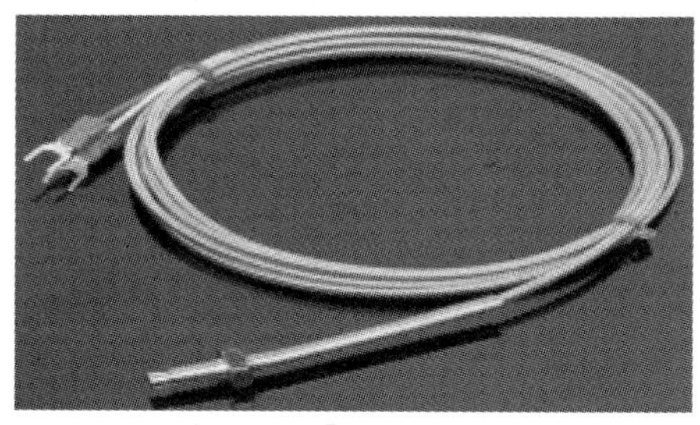

图 2.1.2　螺钉式热电偶

3．铠装式热电偶

铠装式热电偶采用不锈钢外壳，具有稳定性好、精度高、抗震性能强等特点。铠装式热电偶可以测量液体和气体介质，以及固体表面温度，广泛应用于工业自动化设备配套及石油、化工、冶金、电力等过程控制领域。铠装式热电偶如图 2.1.3 所示。

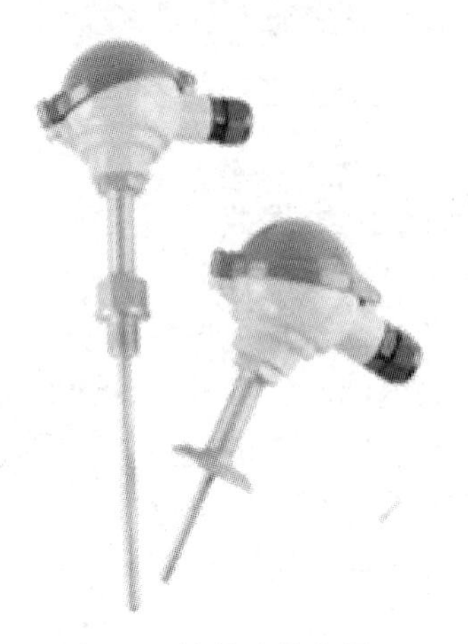

图 2.1.3　铠装式热电偶

4．引线式热电阻

引线式热电阻采用不锈钢外壳，具有稳定性好、精度高、抗震性能强等特点。引线式热电阻可以测量液体和气体介质，以及固体表面温度，广泛应用于大棚、仓库、运输车、实验室、生产车间等环境的温度检测。引线式热电阻如图 2.1.4 所示。

图 2.1.4　引线式热电阻

5．LM35 系列精密集成温度传感器

LM35 系列精密集成温度传感器的输出电压与摄氏温度成正比。LM35 系列精密集成温度传感器比按绝对温标校准的线性温度传感器优越得多。LM35 系列精密集成温度传感器在生产制作时校准过，输出电压与摄氏温度一一对应，使用极为方便。LM35 系列精密集成温度传感器的灵敏度为 10.0mV/℃，精度为 0.4～0.8℃（−55～150℃温度范围内），重复性好、输出阻抗低、线性输出，内部精密校准使其与读出或控制电路接口简单和方便，可单电源和正负电源工作。LM35 系列精密集成温度传感器如图 2.1.5 所示。

图 2.1.5　LM35 系列精密集成温度传感器

二、温度量传感器测温原理

1. 热电偶

热电偶是一种将温度直接转换成电动势的测温传感器。它与其他测温装置相比具有精度高、测量范围广、结构简单、使用方便和可远距离传输等优点，广泛用于轻工、冶金、机械及化工等工业领域。

1）测温原理

热电偶测温基于热电动势效应。将两种不同材料的导体两端连接在一起构成闭合回路，并将两端置于不同温度环境中，回路中会产生电动势，从而形成电流，这种物理现象称为热电动势效应，简称热电效应。

图 2.1.6 为热电偶回路示意图和符号，A、B 两个导体的组合称为热电偶，A、B 两个导体称为热电极，两个导体的连接点称为结点，被测温度的一端（T 结点）称为工作端或热端，另一端（T_0结点）称为自由端（参考端）或冷端。

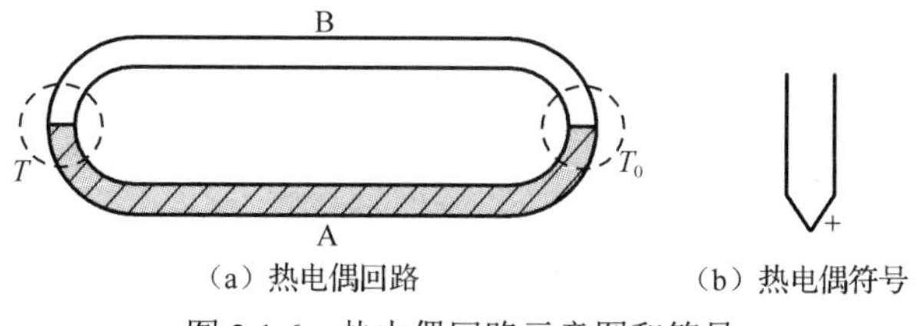

图 2.1.6　热电偶回路示意图和符号

除了接触端产生的接触电动势 $E_{AB}(T)$ 与 $E_{AB}(T_0)$，因为 $T>T_0$，在导体 A 和 B 中还各有一个温差电动势，所以闭合回路总热电动势 $E_{AB}(T,T_0)$ 应为接触电动势和温差电动势的代数和，即

$$E_{AB}(T,T_0)=E_{AB}(T)+E_{AB}(T_0)+\int_{T_0}^{T}(\sigma_A-\sigma_B)\mathrm{d}T$$

式中，$E_{AB}(T)$ 与 $E_{AB}(T_0)$ 为接触电动势，$\int_{T_0}^{T}(\sigma_A-\sigma_B)\mathrm{d}T$ 为温差电动势。对于已选定的热电

偶，当参考温度恒定时，总热电动势就变成测量端温度 T 的单值函数，即 $E_{AB}(T,T_0)=f(T)$。这就是热电偶测量温度的基本原理。

2）热电偶的材料、结构与分类

（1）热电偶的材料。适于制作热电偶的材料有 300 多种，其中广泛应用的有 40～50 种。国际电工委员会向世界各国推荐 8 种热电偶作为标准化热电偶，我国标准化热电偶也有 8 种，如表 2.1.1 所示，分别是铂铑 10–铂（S）、铂铑 13–铂（R）、铂铑 30–铂铑 6（B）、镍铬–镍硅（K）、镍铬–康铜（E）、铁–康铜（J）、铜–康铜（T）和镍铬硅–镍硅（N）。

表 2.1.1　8 种国际通用热电偶特性表

名　称	分度号	测温范围/℃	100℃时的热电动势/mV	1000℃时的热电动势/mV	特　点
铂铑 30–铂铑 6[①]	B	50～1820	0.033	4.834	熔点高，测温上限高，性能稳定，准确度高，100℃以下热电动势极小，所以可不必考虑冷端温度补偿；价格昂贵，线性差；只适用于高温域的测量
铂铑 13–铂	R	–50～1768	0.647	10.506	使用上限较高，准确度高，性能稳定，复现性好；但热电动势较小，不能在金属蒸气和还原性气体中使用，在高温下连续使用时特性会逐渐变差，价格昂贵；多用于精密测量
铂铑 10–铂	S	–50～1768	0.646	9.587	优点同铂铑 13–铂；但性能不如 R 型热电偶；曾经作为国际温标的法定标准热电偶
镍铬–镍硅	K	–270～1370	4.096	41.276	热电动势大，线性好，稳定性好，价格低廉；但材质较硬，在 1000℃以上长期使用会引起热电动势漂移；多用于工业测量
镍铬硅–镍硅	N	–270～1300	2.744	36.256	是一种新型热电偶，各项性能均比 K 型热电偶好；适用于工业测量
镍铬–康铜（锰白铜）	E	–270～800	6.319	—	热电动势比 K 型热电偶大 50%左右，线性好，耐高湿度，价格低廉；但不能用于还原性气体；多用于工业测量
铁–康铜（锰白铜）	J	–210～760	5.269	—	价格低廉，在还原性气体中较稳定；但纯铁易被腐蚀和氧化；多用于工业测量
铜–康铜（锰白铜）	T	–270～400	4.279	—	价格低廉，加工性能好，离散性小，性能稳定，线性好，准确度高；铜在高温时易被氧化，测温上限低；多用于低温域测量；可作–200～0℃温域的计量标准

注：① 铂铑 30 表示该合金含 70%的铂及 30%的铑，依此类推。

（2）热电偶的结构。工业装配式热电偶是由感温元件（热电偶芯）、不锈钢保护管、接线盒及各种用途的固定装置组成的。铠装式热电偶与装配式热电偶相比，具有外径小、可任意弯曲、抗震性强等特点，适宜安装在装配式热电偶无法安装的场合，它的外保护管采用不同材料的不锈钢管（适合不同使用温度的需要），内部充满高密度氧化物质绝缘体，非常适合安装在环境恶劣的场合。工业装配式热电偶的基本结构如图 2.17 所示。

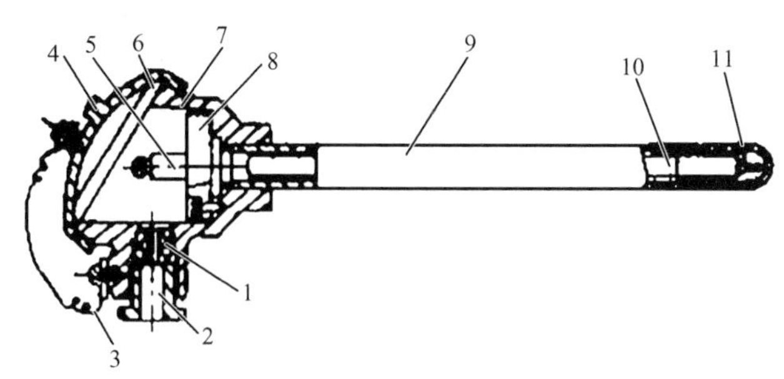

1—出线孔密封圈；2—出线孔螺母；3—链条；4—盖；5—接线柱；6—盖的密封圈；
7—接线盒；8—接线座；9—保护管；10—绝缘管；11—内引线；12—感温元件

图 2.1.7　工业装配式热电偶的基本结构

（3）热电偶的分类。普通型热电偶主要用于测量气体和液体介质的温度。

图 2.1.8 所示为普通铠装热电偶，它是由金属保护套管、绝缘材料和热电极三部分组合成一体的特殊结构的热电偶，根据外形可以细化为扁接插式铠装热电偶、手持式铠装热电偶和补偿导线式铠装热电偶，如图 2.1.9 所示。

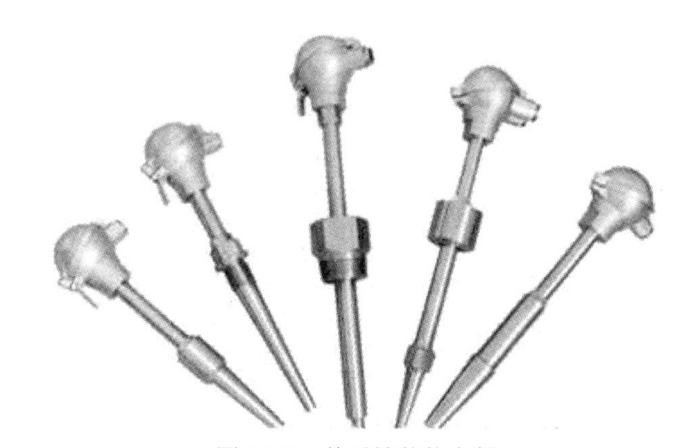

图 2.1.8　普通铠装热电偶

（a）扁接插式铠装热电偶　　（b）手持式铠装热电偶　　（c）补偿导线式铠装热电偶

图 2.1.9　铠装热电偶

薄膜热电偶是用真空蒸镀的方法，把热电极材料蒸镀在绝缘基板上而制成的。其测量端既小又薄，厚度为几微米，热容量小，响应速度快，便于敷贴，如图 2.1.10 所示。

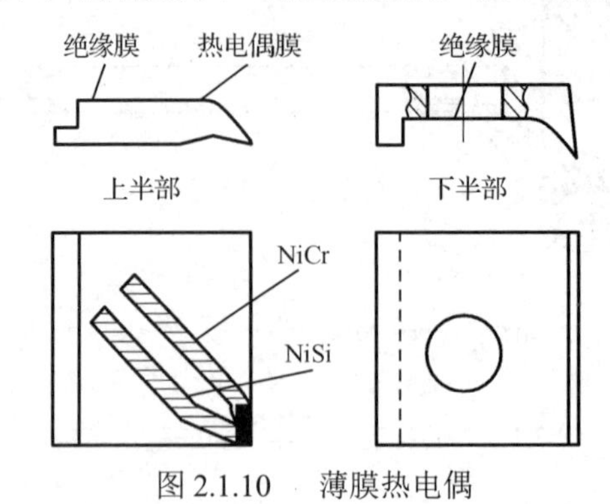

图 2.1.10　薄膜热电偶

2．热电阻

1）测温原理

热电阻是利用电阻与温度呈一定函数关系的特性，由金属材料制成的感温元件。当被测温度变化时，导体的电阻值随温度变化而变化，通过测量电阻值变化的大小而得出温度变化的情况及大小数值，这就是热电阻测温的基本工作原理。

用来测温的热电阻应具有下列要求：电阻温度系数（α）要大，以获得较高的灵敏度；电阻率（ρ）要高，以便缩小元件尺寸；电阻值随温度变化尽量呈线性关系，以减小非线性误差；在测量范围内，物理、化学性能稳定；材料工艺性好、价格便宜等。

2）分度号

分度号是用来反映温度量传感器在测量温度范围内温度变化的对应传感器电压或电阻值变化的标准数列，即热电阻、热电偶、电阻、电动势对应的温度值。

3）热电阻的分类

热电阻按感温元件的材质分为金属导体与半导体两类。金属导体有铂、铜、镍、铑铁及铂钴合金等，在工业生产中大量使用的有铂、铜两种热电阻；半导体有锗、碳和热敏电阻等。热电阻按准确度等级分为标准热电阻（温度计）和工业热电阻。热电阻按结构分为薄膜热电阻和铠装热电阻等。

（1）铂热电阻（简称铂电阻）。铂的物理化学性能极为稳定，并有良好的工艺性。以铂作为感温元件具有示值稳定、测量准确度高等优点，其使用范围是–200～850℃。除作为温度标准外，还广泛用于高精度的工业测量。

（2）铜热电阻（简称铜电阻）。铜热电阻的使用范围是–50～150℃，具有电阻温度系数大、价格便宜、互换性好等优点，但它固有电阻太小，另外铜在 250℃以上易氧化。铜热电阻在工业中的应用逐渐减少。

（3）半导体热电阻——热敏电阻。热敏电阻有负温度系数（NTC）热敏电阻和正温度系数（PTC）热敏电阻之分。

NTC 热敏电阻又可分为两大类：第一类用于测量温度，它的电阻值与温度之间呈严格的负指数关系；第二类为突变型（CTR）热敏电阻，当温度上升到某临界点时，其电阻值突然下降。

热敏电阻是一种电阻值随其温度呈指数变化的半导体热敏元件，广泛应用于家电、汽车、测量仪器等领域。热敏电阻的优点如下：

① 电阻温度系数大、灵敏度高，比一般金属电阻大 10～100 倍；

② 结构简单、体积小，可以测量“点”温度；

③ 电阻率高，热惯性小，适宜动态测量；

④ 功耗小，不需要参考端补偿，适于远距离的测量与控制。

热敏电阻的缺点是电阻值与温度的关系呈非线性，元件的稳定性和互换性较差。除高温热敏电阻外，均不能用于 350℃以上的高温。

热敏电阻是由两种以上的过渡金属（Mn、Co、Fe 等）复合氧化物构成的烧结体，根据组成的不同，可以调整它的常温电阻及温度特性。多数热敏电阻具有 NTC，即当温度升高时电阻值下降，同时灵敏度也下降。

4）型号命名方法

通过如图 2.1.11 所示的型号命名方法可以知道不同型号热电阻对应参数。

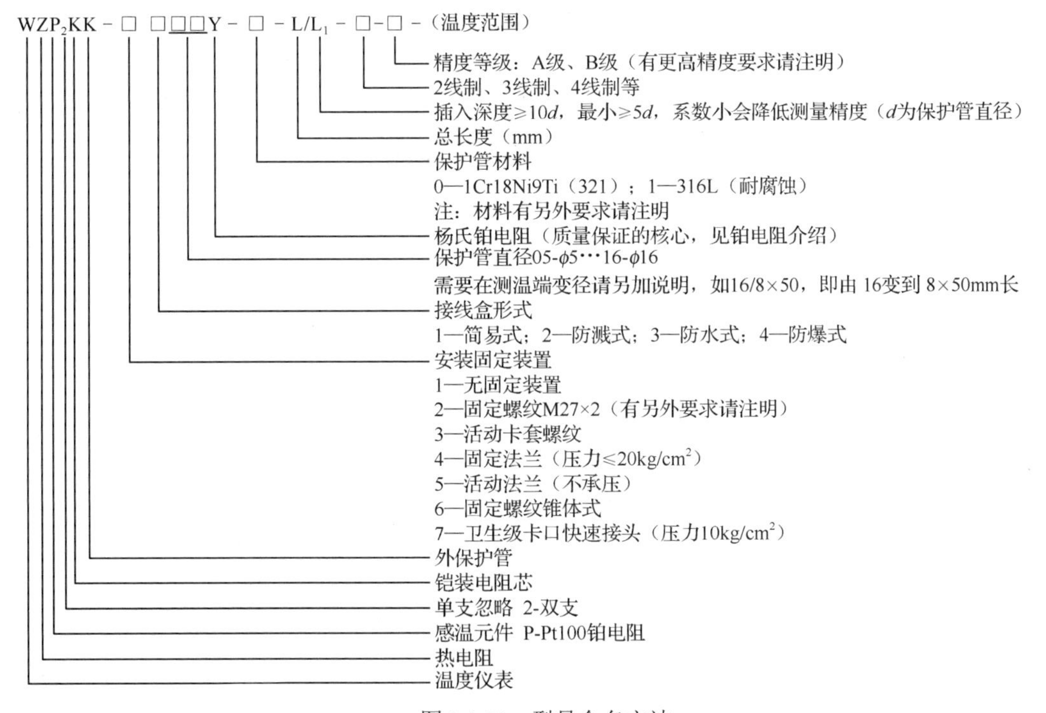

图 2.1.11　型号命名方法

例 1：

铂电阻 Pt100，固定螺纹 M27×2，防水接线盒，保护管直径 ϕ16，保护管材料 321，总长度 600mm，插入深度 450mm，3 线制 A 级，温度范围 0～200℃，铠装电阻芯。

型号：WZPK-230Y-0-600/450-3-A-（0～200℃）

例 2：

双支铂电阻 Pt100，固定螺纹 M16×1.5，防水接线盒，保护管直径 $\phi10$，保护管材料 316L、总长度 450mm，插入深度 300mm，2 线制 B 级，温度范围 0～400℃，铠装电阻芯。

型号：WZP_2K-232Y-1-450/300-2-B-（0～400℃）。

例 3：

双支铂电阻 Pt100，卫生级卡口快速接头，防水接线盒，保护管直径 $\phi12$，保护管材料 316L，总长度 350mm，插入深度 200mm，3 线制 A 级，温度范围 0～250℃，铠装电阻芯。

型号：WZP_2K-831Y-1-350/200-3-A-（0～250℃）。

任务考核

（1）通过网络查询一款未罗列出来的温度量传感器，填写表 2.1.2。

表 2.1.2　温度量传感器查询

型　号	分　类	功　能	优　点	价　格

（2）整理一款温度量传感器，填写任务报告，内容包括型号、封装、原理、电路图、应用领域及应用电路。

任务 2　温度量传感器的标定

任务描述

利用 THSRZ-1 传感器实训台进行温度量传感器的标定，为后续的传感器电路的设计与制作打下坚实的基础。

任务要求

（1）能够使用 THSRZ-1 传感器实训台；
（2）能够标定铂电阻的参数，记录相关数据；
（3）能够实现 Pt100 对温度的标定，记录相关数据；
（4）能够实现热电偶对温度的标定，记录相关数据。

任务分析

（1）在了解相关传感器工作原理的基础上，了解检测目标；
（2）掌握 THSRZ-1 工作台的布局及各模块的使用方法；
（3）根据实训指导书完成相关实训内容的练习；
（4）记录数据，加以分析，填写实验报告。

任务实施

一、Pt100 温度控制实验

1. 实验目的

了解 PID 智能模糊+位式双重调节温度控制原理。

2. 实验仪器

智能调节仪、Pt100、热源。

3. 实验原理

1）位式调节

位式调节（ON/OFF）是一种简单的调节方式，常用于一些对控制精度要求不高的场合用作温度控制，或用于报警。位式调节仪表用于温度控制，它通常利用仪表内部的继电器控制外部的中间继电器再控制一个交流接触器来控制电热丝的通断达到控制温度的目的。

2）PID 智能模糊调节

PID 智能温度调节器采用人工智能调节方式，即采用模糊规则进行 PID 调节，能实现高精度控制，具有先进的自整定（AT）功能，无须设置控制参数。在误差大时，运用模糊算法进行调节，以消除 PID 饱和积分现象，当误差趋小时，采用 PID 算法进行调节，并能在调节中自动学习和记忆被控对象的部分特征以使效果最优化。PID 智能温度调节器具有无超调、高精度、参数确定简单等特点。

3）温度控制基本原理

由于温度具有滞后性，热源为一滞后时间较长的系统。本实验仪采用 PID 智能模糊+位式双重调节控制温度。用报警方式控制风扇开启与关闭，使热源在尽可能短的时间内控制在某一温度值上，并能在实验结束后通过参数设置将热源的温度快速冷却下来，可节约实验时间。当热源的温度发生变化时，热源中的铂电阻 Pt100 的阻值发生变化（ΔR_t），将电阻变化量作为温度的反馈信号输给 PID 智能温度调节器，经调节器的电阻–电压转换后，将电压 E_2 与温度设定值 E_1 比较，再进行数字 PID 运算输出可控硅触发信号（加热）和继电器触发信号（冷却），使热源的温度趋近温度设定值。PID 智能温度控制原理框图如图 2.1.12 所示。

4. 实验内容与步骤

（1）选择智能调节仪的控制对象为温度，并按图 2.1.13 进行接线。

（2）将 2～24V 输出电压调到最大位置，打开调节仪电源。

（3）按住(SET)键 3s 以下，进入智能调节仪 A 菜单，仪表靠上的窗口显示“SU”，靠下的窗口显示待设置的设定值。当 LOCK 等于 0 或 1 时使能，设置温度的设定值，按←键可改变小数点位置，按↑或↓键可修改靠下的窗口的设定值。否则提示“LCK”表示已加锁。再按住(SET)键 3s 以下，回到初始状态。

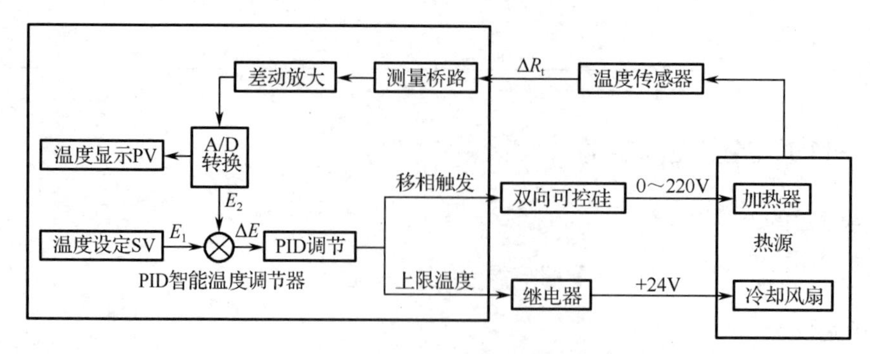

图 2.1.12 PID 智能温度控制原理框图

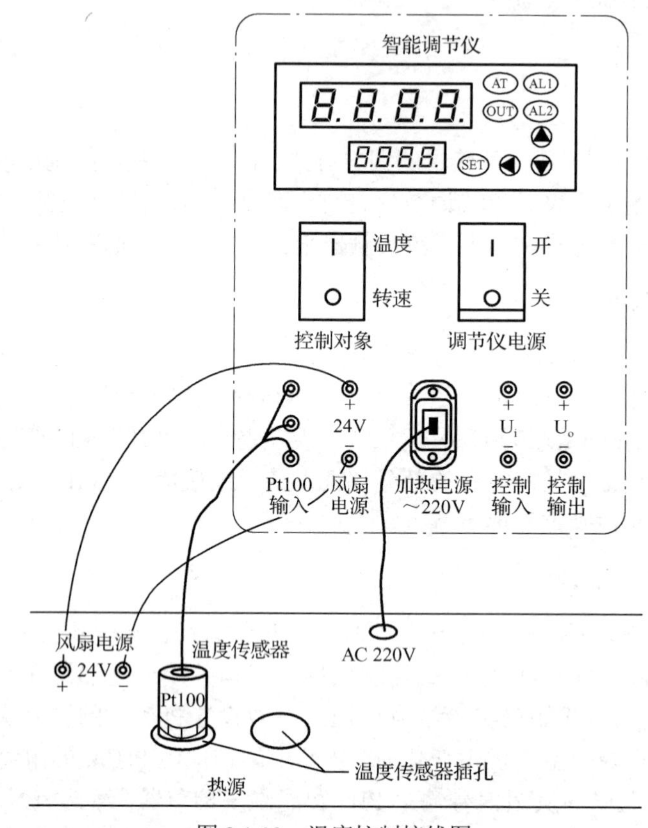

图 2.1.13 温度控制接线图

（4）按住(SET)键 3s 以上，进入智能调节仪 B 菜单，靠上的窗口显示“DAH”，靠下的窗口显示待设置的上限报警值。按←键可改变小数点位置，按↑或↓键可修改靠下的窗口的上限报警值。上限报警时仪表右上“AL1”指示灯亮。（参考值为 0.5）

（5）继续按住(SET)键 3s 以下，靠上的窗口显示“ATU”，靠下的窗口显示待设置的自整定开关，按↑和↓键设置，为“0”表示自整定关，为“1”表示自整定开，开时仪表右上“AT”指示灯亮。

（6）继续按住(SET)键 3s 以下，靠上的窗口显示“DP”，靠下的窗口显示待设置的仪表小数点位数，按←键可改变小数点位置，按↑或↓键可修改靠下的窗口的比例参数值。（参考值为 1）

（7）继续按住SET键 3s 以下，靠上的窗口显示“P”，靠下的窗口显示待设置的比例参数值，按←键可改变小数点位置，按↑或↓键可修改靠下的窗口的比例参数值。

（8）继续按住SET键 3s 以下，靠上的窗口显示“I”，靠下的窗口显示待设置的积分参数值，按←键可改变小数点位置，按↑或↓键可修改靠下的窗口的积分参数值。

（9）继续按SET键 3s 以下，靠上的窗口显示“D”，靠下的窗口显示待设置的微分参数值，按←键可改变小数点位置，按↑或↓键可修改靠下的窗口的微分参数值。

（10）继续按住SET键 3s 以下，靠上的窗口显示“T”，靠下的窗口显示待设置的输出周期参数值，按←键可改变小数点位置，按↑或↓键可修改靠下的窗口的输出周期参数值。

（11）继续按住SET键 3s 以下，靠上的窗口显示“SC”，靠下的窗口显示待设置的测量显示误差修正参数值，按←键可改变小数点位置，按↑或↓键可修改靠下的窗口的测量显示误差修正参数值。（参考值为 0）

（12）继续按住SET键 3s 以下，靠上的窗口显示“UP”，靠下的窗口显示待设置的功率限制参数值，按←键可改变小数点位置，按↑或↓键可修改靠下的窗口的功率限制参数值。（参考值为 100%）

（13）继续按住SET键 3s 以下，靠上的窗口显示“LCK”，靠下的窗口显示待设置的锁定开关，按↑或↓键可修改靠下的窗口的锁定开关状态值，为“0”表示允许 A、B 菜单，为“1”表示只允许 A 菜单，为“2”表示禁止所有菜单。继续按住SET键 3s 以下，回到初始状态。

（14）设置不同的温度设定值，并根据控制理论来修改 P、I、D、T 参数，观察温度控制的效果。

5．实验报告

简述温度控制原理并画出其原理框图。

二、铂电阻温度特性实验

1．实验目的

了解铂电阻的特性与应用。

2．实验仪器

智能调节仪、Pt100（2 只）、热源、温度传感器实验模块。

3．实验原理

利用导体电阻值随温度变化的特性，热电阻用于测量时，要求其材料的电阻温度系数大、稳定性好、电阻率高，电阻值与温度之间最好有线性关系。当温度变化时，感温元件的电阻值随温度而变化，这样就可将变化的电阻值通过测量电路转换为电信号，即可得到被测温度。

4．实验内容与步骤

（1）重复 Pt100 温度控制实验，将温度控制在 50℃，在另一个温度传感器插孔中插入另一只铂电阻 Pt100。

（2）将±15V 直流稳压电源接至温度传感器实验模块。温度传感器实验模块的输出端 U_{o2} 接主控台直流电压表。

（3）将温度传感器实验模块上的差动放大器的输入端 U_i 短接，调节电位器 R_{w4} 使直流电压表显示为零。

（4）按图 2.1.14 进行接线，并将 Pt100 的 3 根引线接到温度传感器实验模块中 R_t 两端（其中颜色相同的两个接线端是短路的）。

（5）拿掉短路线，将 R_6 两端接到差动放大器的输入端 U_i，记下模块输出端 U_{o2} 的电压值。

（6）改变热源的温度，每隔 5℃记下模块输出端 U_{o2} 的电压值，直到温度升至 120℃。并将实验结果填入表 2.1.3 中。

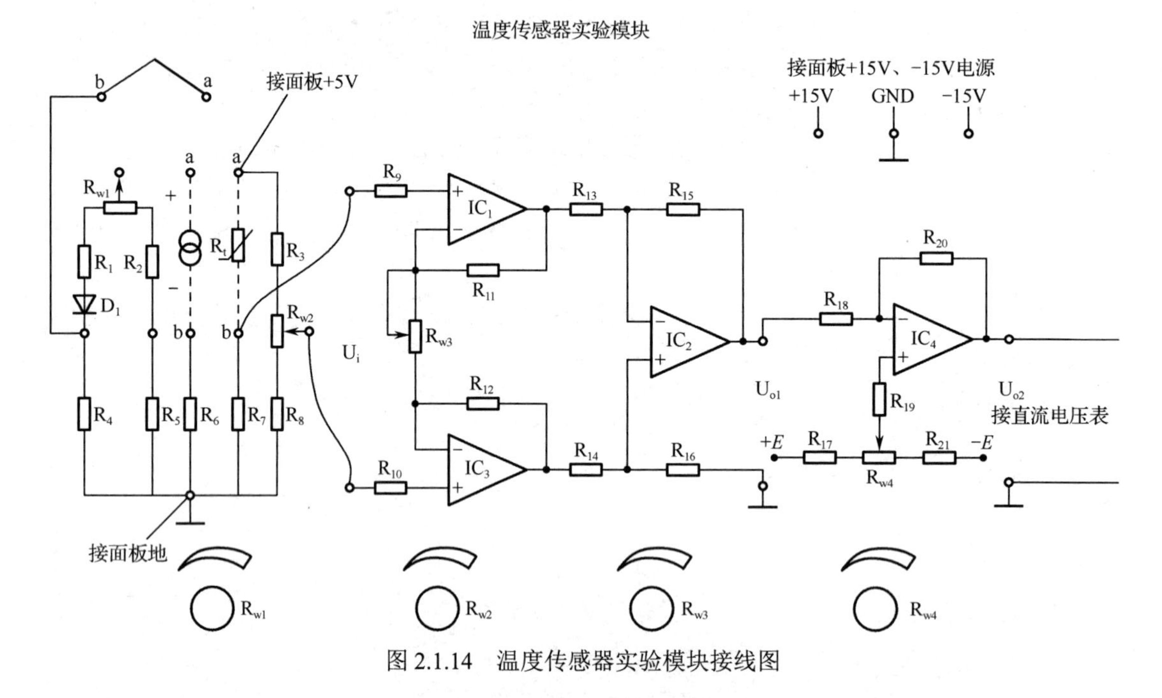

图 2.1.14 温度传感器实验模块接线图

表 2.1.3 温度与电压关系表

温度/℃														
电压/V														

5．实验报告

（1）根据表 2.1.3 的实验数据，画出电压-温度曲线，分析 Pt100 的温度特性曲线，计算其非线性误差。

（2）分析表 2.1.4 中的温度和电阻值之间的关系。

表 2.1.4 Pt100 热电阻分度表

温度/℃	0	1	2	3	4	5	6	7	8	9
	电阻值/Ω									
−200	18.52									
−190	22.83	22.40	21.97	21.54	21.11	20.68	20.25	19.82	19.38	18.95
−180	27.10	26.67	26.24	25.82	25.39	24.97	24.54	24.11	23.68	23.25
−170	31.34	30.91	30.49	30.07	29.64	29.22	28.80	28.37	27.95	27.52
−160	35.54	35.12	34.70	34.28	33.86	33.44	33.02	32.60	32.18	31.76
−150	39.72	39.31	38.89	38.47	38.05	37.64	37.22	36.80	36.38	35.96
−140	43.88	43.46	43.05	42.63	42.22	41.80	41.39	40.97	40.56	40.14
−130	48.00	47.59	47.18	46.77	46.36	45.94	45.53	45.12	44.70	44.29
−120	52.11	51.70	51.29	50.88	50.47	50.06	49.65	49.24	48.83	48.42
−110	56.19	55.79	55.38	54.97	54.56	54.15	53.75	53.34	52.93	52.52
−100	60.26	59.85	59.44	59.04	58.63	58.23	57.82	57.41	57.01	56.60
−90	64.30	63.90	63.49	63.09	62.68	62.28	61.88	61.47	61.07	60.66
−80	68.33	67.92	67.52	67.12	66.72	66.31	65.91	65.51	65.11	64.70
−70	72.33	71.93	71.53	71.13	70.73	70.33	69.93	69.53	69.13	68.73
−60	76.33	75.93	75.53	75.13	74.73	74.33	73.93	73.53	73.13	72.73
−50	80.31	79.91	79.51	79.11	78.72	78.32	77.92	77.52	77.12	76.73
−40	84.27	83.87	83.48	83.08	82.69	82.29	81.89	81.50	81.10	80.70
−30	88.22	87.83	87.43	87.04	86.64	86.25	85.85	85.46	85.06	84.67
−20	92.16	91.77	91.37	90.98	90.59	90.19	89.80	89.40	89.01	88.62
−10	96.09	95.69	95.30	94.91	94.52	94.12	93.73	93.34	92.95	92.55
0	100.00	99.61	99.22	98.83	98.44	98.04	97.65	97.26	96.87	96.48
0	100.00	100.39	100.78	101.17	101.56	101.95	102.34	102.73	103.12	103.51
10	103.90	104.29	104.68	105.07	105.46	105.85	106.24	106.63	107.02	107.40
20	107.79	108.18	108.57	108.96	109.35	109.73	110.12	110.51	110.90	111.29
30	111.67	112.06	112.45	112.83	113.22	113.61	114.00	114.38	114.77	115.15
40	115.54	115.93	116.31	116.70	117.08	117.47	117.86	118.24	118.63	119.01
50	119.40	119.78	120.17	120.55	120.94	121.32	121.71	122.09	122.47	122.86
60	123.24	123.63	124.01	124.39	124.78	125.16	125.54	125.93	126.31	126.69
70	127.08	127.46	127.84	128.22	128.61	128.99	129.37	129.75	130.13	130.52
80	130.90	131.28	131.66	132.04	132.42	132.80	133.18	133.57	133.95	134.33
90	134.71	135.09	135.47	135.85	136.23	136.61	136.99	137.37	137.75	138.13

三、K 型热电偶测温实验

1. 实验目的

了解 K 型热电偶的特性与应用。

2. 实验仪器

智能调节仪、Pt100、K 型热电偶、热源、温度传感器实验模块。

3．实验原理

1）热电偶的工作原理

热电偶是一种使用最多的温度量传感器，它的原理是基于1821年发现的塞贝克效应，即两种不同的导体或半导体A和B组成一个回路，其两端相互连接，只要两结点处的温度不同，一端温度为T，另一端温度为T_0，则回路中就有电流产生，如图2.1.15（a）所示，即回路中存在电动势，该电动势被称为热电动势。

两种不同导体或半导体的组合被称为热电偶。

当回路断开时，在断开处之间有一电动势E_T，其极性和量值与回路中的热电动势一致，如图2.1.15（b）所示，并规定在冷端，当电流由A流向B时，称A为正极，B为负极。实验表明，当E_T较小时，E_T与温度差$T-T_0$成正比，即

$$E_T=S_{AB}(T-T_0)$$

式中，S_{AB}为塞贝克系数，又称为热电动势率，它是热电偶的最重要的特征量之一，其符号和大小取决于热电偶材料的相对特性。

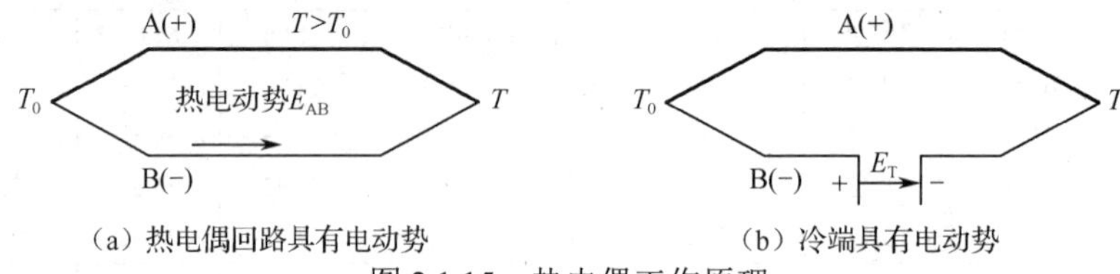

（a）热电偶回路具有电动势　　（b）冷端具有电动势

图2.1.15　热电偶工作原理

2）热电偶的基本定律

（1）均质导体定律。由一种均质导体组成的闭合回路，不论导体的截面积和长度如何，也不论各处的温度分布如何，都不会产生热电动势。

（2）中间导体定律。用两种金属导体A、B组成的热电偶测量时，在测温回路中必须通过连接导线接入仪表测量热电动势$E_{AB}(T,T_0)$，而这些导体材料和热电偶导体A、B的材料往往并不相同。在这种引入了中间导体的情况下，回路中的热电动势是否发生变化呢？热电偶中间导体定律指出，在热电偶回路中，只要中间导体C两端温度相同，那么接入中间导体C对热电偶回路总热电动势$E_{AB}(T,T_0)$没有影响。

（3）中间温度定律。如图2.1.16所示，当热电偶的两个结点温度为T_1、T_2时，热电动势为$E_{AB}(T_1,T_2)$；当两结点温度为T_2、T_3时，热电动势为$E_{AB}(T_2,T_3)$，那么当两结点温度为T_1、T_3时的热电动势为

$$E_{AB}(T_1,T_2)+E_{AB}(T_2,T_3)=E_{AB}(T_1,T_3)$$

该式就是中间温度定律的表达式。例如，T_1=100℃，T_2=40℃，T_3=0℃，则

$$E_{AB}(100,40)+E_{AB}(40,0)=E_{AB}(100,0)$$

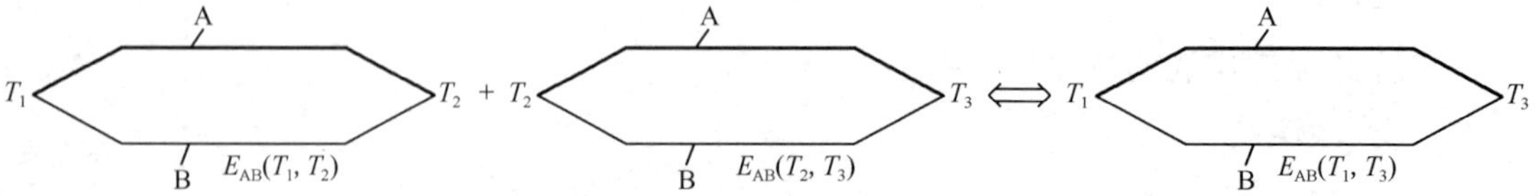

图2.1.16　热电偶等效电路

3）热电偶的分度号

热电偶的分度号是其分度表的代号（一般用大写字母 S、R、B、K、E、J、T、N 表示）。分度表是在热电偶的参考端为 0℃的条件下以列表的形式表示热电动势与测量端温度关系的，其中，表 2.1.5 列出了镍铬–铜镍（康铜）热电偶分度表，表 2.1.6 列出了镍铬–镍硅热电偶分度表。

表 2.1.5　镍铬–铜镍（康铜）热电偶分度表（分度号：E）（参考端温度为 0℃）

温度/℃	0	10	20	30	40	50	60	70	80	90
	热电动势/mV									
0	0.000	0.591	1.192	1.801	2.419	3.047	3.683	4.329	4.983	5.646
100	6.317	6.996	7.683	8.377	9.078	9.787	10.501	11.222	11.949	12.681
200	13.419	14.161	14.909	15.661	16.417	17.178	17.942	18.710	19.481	20.256
300	21.033	21.814	22.597	23.383	24.171	24.961	25.754	26.549	27.345	28.143
400	28.943	29.744	30.546	31.350	32.155	32.960	33.767	34.574	35.382	36.190
500	36.999	37.808	38.617	39.426	40.236	41.045	41.853	42.662	43.470	44.278
600	45.085	45.891	46.697	47.502	48.306	49.109	49.911	50.713	51.513	52.312
700	53.110	53.907	54.703	55.498	56.291	57.083	57.873	58.663	59.451	60.237
800	61.022	61.806	62.588	63.368	64.147	64.924	65.700	66.473	67.245	68.015
900	68.783	69.549	70.313	71.075	71.835	72.593	73.350	74.104	74.857	75.608
1000	76.358	—	—	—	—	—	—	—	—	—

表 2.1.6　镍铬–镍硅热电偶分度表（分度号：K）（参考端温度为 0℃）

温度/℃	0	10	20	30	40	50	60	70	80	90
	热电动势/mV									
0	0.000	0.397	0.798	1.203	1.611	2.022	2.436	2.850	3.266	3.681
100	4.095	4.508	4.919	5.327	5.733	6.137	6.539	6.939	7.338	7.737
200	8.137	8.537	8.938	9.341	9.745	10.151	10.560	10.969	11.381	11.793
300	12.207	12.623	13.039	13.456	13.874	14.292	14.712	15.132	15.552	15.974
400	16.395	16.818	17.241	17.664	18.088	18.513	18.938	19.363	19.788	20.214
500	20.640	21.066	21.493	21.919	22.346	22.772	23.198	23.624	24.050	24.476
600	24.902	25.327	25.751	26.176	26.599	27.022	27.445	27.867	28.288	28.709
700	29.128	29.547	29.965	30.383	30.799	31.214	31.214	32.042	32.455	32.866
800	33.277	33.686	34.095	34.502	34.909	35.314	35.718	36.121	36.524	36.925
900	37.325	37.724	38.122	38.915	38.915	39.310	39.703	40.096	40.488	40.879
1000	41.269	41.657	42.045	42.432	42.817	43.202	43.585	43.968	44.349	44.729
1100	45.108	45.486	45.863	46.238	46.612	46.985	47.356	47.726	48.095	48.462
1200	48.828	49.192	49.555	49.916	50.276	50.633	50.990	51.344	51.697	52.049
1300	52.398	52.747	53.093	53.439	53.782	54.125	54.466	54.807	—	—

4．实验内容与步骤

（1）重复 Pt100 温度控制实验，将温度控制在 50℃，在另一个温度传感器插孔中插入 K 型热电偶。

（2）将±15V 直流稳压电源接入温度传感器实验模块中。温度传感器实验模块的输出端 U_{o2} 接主控台直流电压表。

（3）将温度传感器实验模块上的差动放大器的输入端 U_i 短接，调节 R_{w3} 到最大位置，再调节电位器 R_{w4} 使直流电压表显示为零。

（4）拿掉短路线，按图 2.1.17 进行接线，并将 K 型热电偶的两根引线的热端（红色）接 a，冷端（绿色）接 b，记下模块输出端 U_{o2} 的电压值。

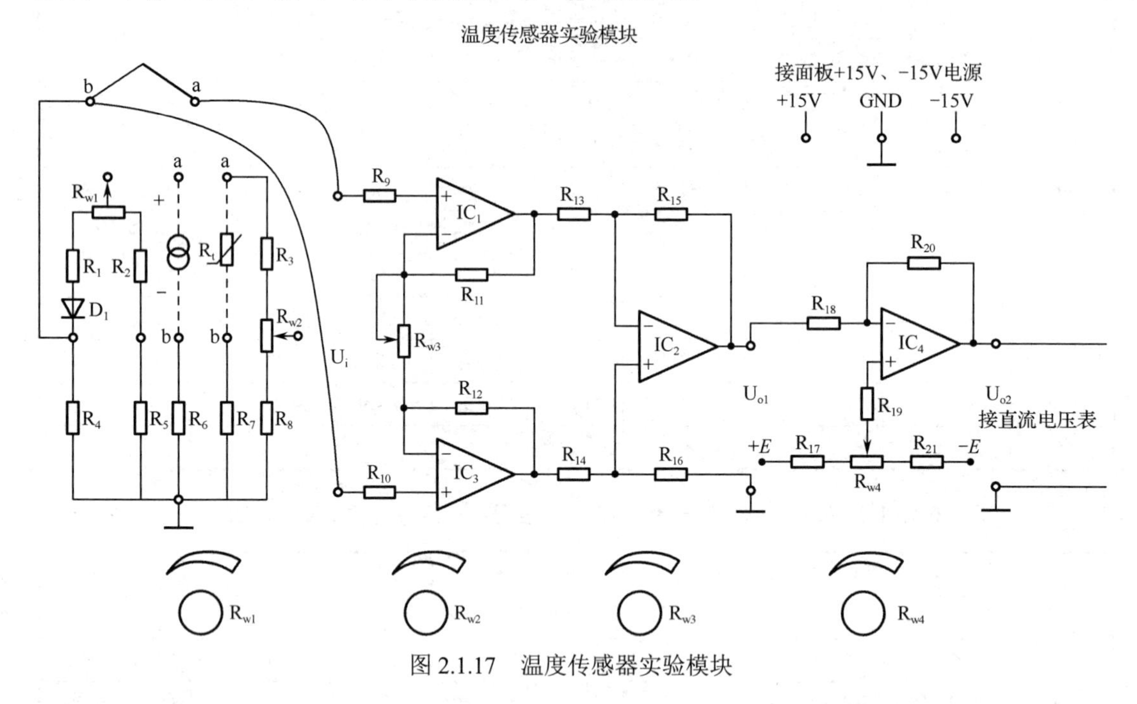

图 2.1.17　温度传感器实验模块

（5）改变热源的温度，每隔 5℃记下模块输出端 U_{o2} 的电压值，直到温度升至 120℃，并将实验结果填入表 2.1.7。

表 2.1.7　温度与电压关系表

温度/℃														
电压/V														

5．实验报告

（1）根据表的实验数据，画出电压-温度曲线，分析 K 型热电偶的温度特性曲线，计算其非线性误差。

（2）根据中间温度定律和 E 型热电偶分度表，用平均值计算出差动放大器的放大倍数 A。

任务考核

（1）完成实验项目，填写实训报告。

（2）能够熟练使用操作台，完成相应的实训任务。

驱动型项目　恒温控制器电路设计与调试

> 项目描述：利用温度量传感器对温度量的检测，设计并制作一款能够应用于日常生活的控制器，实现学以致用的教学目的。
>
> 知识要点：热敏电阻的控制电路的设计；
> 数字温度计的设计。
>
> 技能要点：能够焊接和调试热敏电阻组成的温控开关；
> 能够测试和调节数字温度计的灵敏度。

任务描述

为了保护电气设备在正常温度下长时间运行，不因过热而损坏甚至烧毁，通常在这些设备中加入温度保护电路，当达到预设的警戒温度时，就会自动打开散热设备（如散热风扇）来加强散热或直接关闭电气设备。同时，在很多（如电热毯、温室大棚、孵化器等）环境中也需要温度控制电路来控制温度。本任务就是用热敏电阻自制一款简易温控电路，当环境温度达到某一预设值时，能够光亮报警，如果外接风扇还可以启动风扇降温。

任务要求

（1）能够选择合适的温度量传感器，制作测温电路；

（2）当环境温度低于预设温度时，灯亮；

（3）能够动手制作温控电路，并测试参数。

任务分析

通过图 2.2.1 可知，恒温器控制电路通过 LM393 可调直流电源模块实现交流电（220V）转直流电（9V），将 9V 直流电连接到本电路的电源 J1 口，在 LM7805 的作用下，产生 5V 的稳压电源，点亮电源指示灯 D1。热敏电阻 MF52B 是 NTC 热敏电阻，当温度升高时，电阻值降低。通过改变滑动变阻器 VR1 的阻值，改变放大器同向输入端电压的大小，进而改变检测温度的设定值。当环境温度小于设定值时，输出低电压，驱动 PNP 型三极管导通，进而驱动继电器线圈带电，当外接负载时，负载工作。

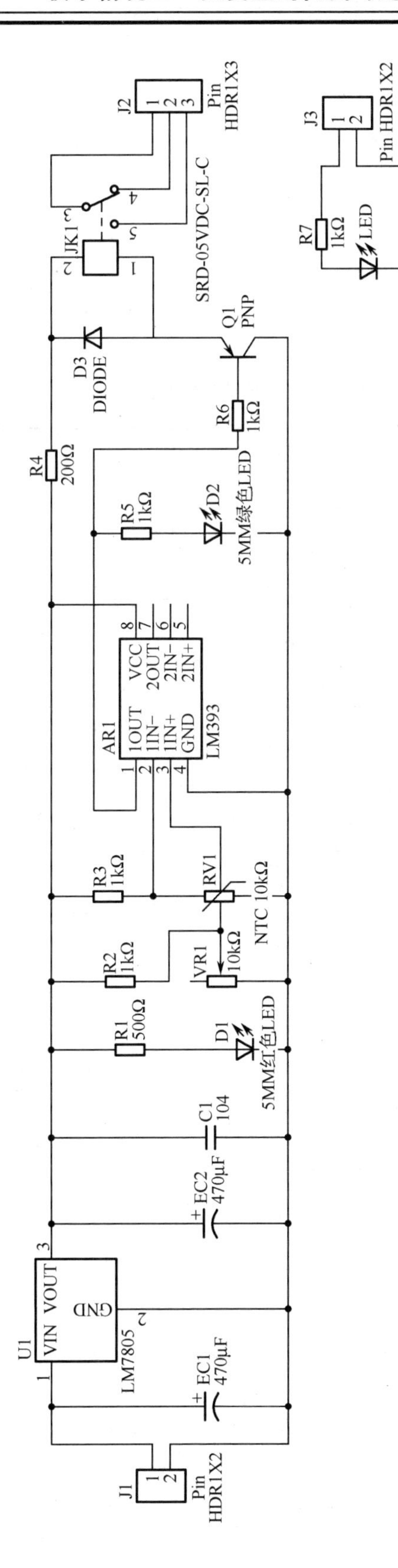

图2.2.1　恒温控制器电路原理图

任务实施

一、准备阶段

制作本电路采用的传感器为 NTC 热敏电阻 MF52B，主要的元器件有稳压电源 LM7805、固态继电器、比较放大器 LM393，其余元器件为通用元器件。恒温控制器电路元器件清单如表 2.2.1 所示。

表 2.2.1　恒温控制器电路元器件清单

元　器　件	描　　述	标　　号	封　　装	库	数量
LM393	比较放大器	AR1	DIP8	LM393	1
104	无极性瓷片电容	C1	RAD-0.2	CAP	1
5MM 红色 LED	红色 LED	D1	LED5-BLUE	LED	1
5MM 绿色 LED	绿色 LED	D2	LED5-BLUE	LED	1
DIODE	普通二极管	D3	DO-15	DIODE	1
470μF	直插电解电容	EC1，EC2	DIP-EC2.5X5X11	DIP_ECAP	2
Pin HDR1X2	2.54mm 1x2 插针	J1，J3	Pin HDR1X2/2.54mm-S	Pin HDR1X2	2
Pin HDR1X3	2.54mm 1x3 插针	J2	Pin HDR1X3/2.54mm-S	Pin HDR1X3	1
SRD-05VDC-SL-C	5V 固态继电器	JK1	SRD-C_B	SRD-05VDC-SL-C	1
LED	负载 LED	LED	LED5-RED	LED	1
S8550	PNP 型三极管	Q1	TO-92A	PNP	1
500Ω	限流电阻	R1	AXIAL0.3	RES	1
1kΩ	电阻	R2，R3，R5，R6，R7	AXIAL0.3	RES	5
200Ω	电阻	R4	AXIAL0.3	RES	1
MF52B	NTC 热敏电阻	RV1	Varistor-7.5mm	Varistor	1
LM7805	5V 稳压电源	U1	TO220A	LM7805	1
10kΩ	微调电阻	VR1	微调卧式蓝白电位器	RESVR	1

二、核心元器件

1．稳压电源 LM7805

LM78/79 系列三端稳压 IC 是一款经典的稳压芯片，LM7805 芯片组成稳压电路所需的外围元器件极少，电路内部还有过流、过热及调整管的保护电路，使用起来可靠、方便，而且价格便宜。LM78/79 系列三端稳压 IC 型号中的 LM78 或 LM79 后面的数字代表该三端稳压 IC 的输出电压，如 LM7806 表示输出电压为+6V，LM7909 表示输出电压为–9V。LM7805 芯片引脚及实物图如图 2.2.2 所示。

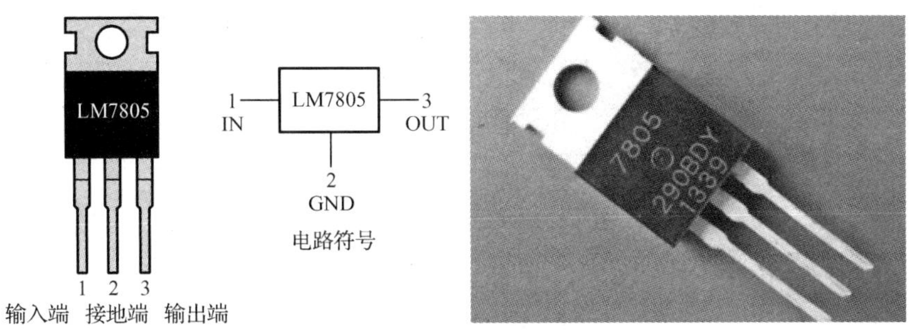

图 2.2.2　LM7805 芯片引脚及实物图

由图 2.2.3 可以看出，由 LM7805 构成的 5V 稳压电源电路简单。LM7805 的输入端电压为 7～30V，输出端电压为 5V，在应用 LM7805 时最好给它增加一个散热片来散热，因为在功率大的时候它的热量也是很大的。图 2.2.3 中的二极管起到保护作用，防止输入端加载反向电压而烧坏 LM7805。电流经过二极管到达 LM7805，经过 LM7805 内部电路的稳压后，由 LM7805 的 3 号引脚输出 5V 的稳定电压供给设备。图 2.2.3 中的电容 C_3 是电解电容，容量选择在 10μF 就可以，它的作用是滤波，用于过滤输出端的杂波和轻微的电压波动。LM7805 还可以应用于其他电压的稳压，只要在 2 号引脚增加电阻，它的输出电压就会改变，这个可以根据自己的需要来修改。

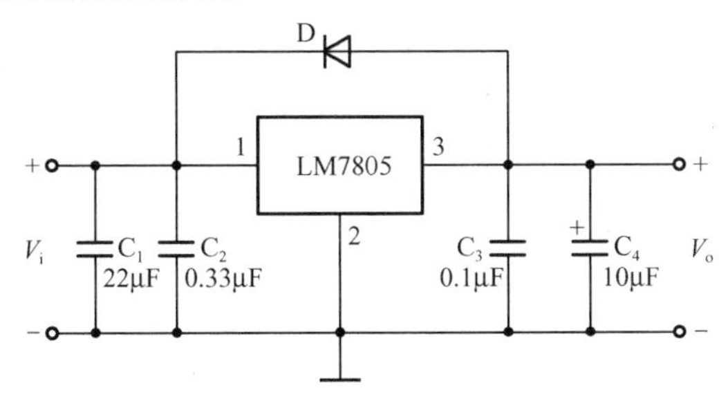

图 2.2.3　LM7805 典型的应用电路

LM7805 的特性参数如表 2.2.2 所示。

表 2.2.2　LM7805 的特性参数

参　数	符　号	测试条件	最小值	典型值	最大值	单位
输出电压	V_o	T_j=25℃	4.8	5.0	5.2	V
		5.0mA<I_o<1.0A P_o<15W V_i=7.5～20V	4.75	5.00	5.25	V
线性调整率	Regline	T_j=25℃，V_i=7.5～25V		4.0	100	无单位
		T_j=25℃，V_i=8～12V		1.6	50	无单位
负载调整率	Regload	T_j=25℃，I_o=1.5～5.0A		9	100	无单位
		T_j=25℃ I_o=250～750mA		4	50	无单位
静态电流	I_Q	T_j=25℃		5.0	8	mA

续表

参　　数	符　　号	测 试 条 件	最小值	典型值	最大值	单位
静态电流变化率	$\triangle I_Q$	I_o=1.0～5A		0.03	0.5	无单位
		V_i=8～25V		0.3	0.8	无单位
输出电压温漂	$\triangle V_o/\triangle T$	I_o=5mA		0.8		mV/℃
输出噪音电压	V_N	f=10Hz～100kHz，T_a=25℃		42		μV
纹波抑制比	RR	f=120Hz，V_i=8～18V	62	73		dB
输入输出电压差	$\triangle V$	I_o=1.0A，T_j=25℃		2		V
输出阻抗	R_o	f=1kHz		15		mΩ
短路电流	I_{SC}	V_i=35V，T_a=25℃		230		mA
峰值电流	I_{PK}	T_j=25℃		2.2		A

2．NTC 热敏电阻 MF52B

NTC 代表负温度系数。NTC 热敏电阻是具有负温度系数的电阻，这意味着电阻值随着温度的升高而降低。NTC 热敏电阻主要用作电阻温度传感器和限流装置，其温度灵敏度系数大约是硅温度传感器（硅氧化物）的 5 倍，是电阻温度检测器（RTD）的 10 倍。NTC 热敏电阻通常在-55～200℃的温度范围内使用。

MF52B 是采用新材料、新工艺生产的小体积的环氧树脂包封型 NTC 热敏电阻，具有高精度和快速反应等优点。MF52B 通常用于温度控制和指示，以及电流抑制。在其构造中使用的常见材料包括镍、锰、铜、铁和钴等材料的氧化物，一些也由硅或锗制成。MF52B 在平常的使用中采用环氧树脂封装，是最常见的热敏电阻类型。MF52B 实物图如图 2.2.4 所示。MF52B 的结构和尺寸如图 2.2.5 所示。

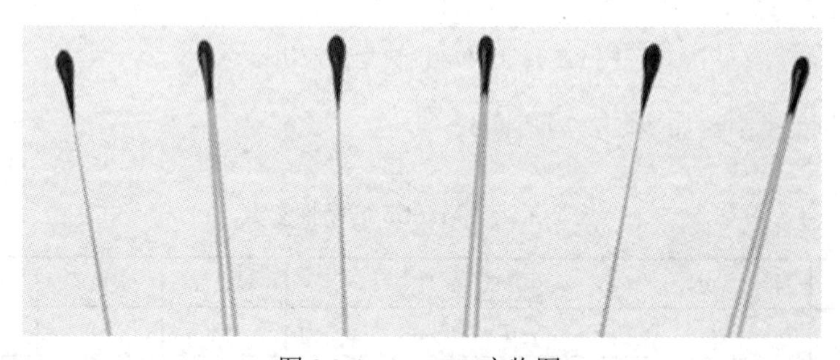

图 2.2.4　MF52B 实物图

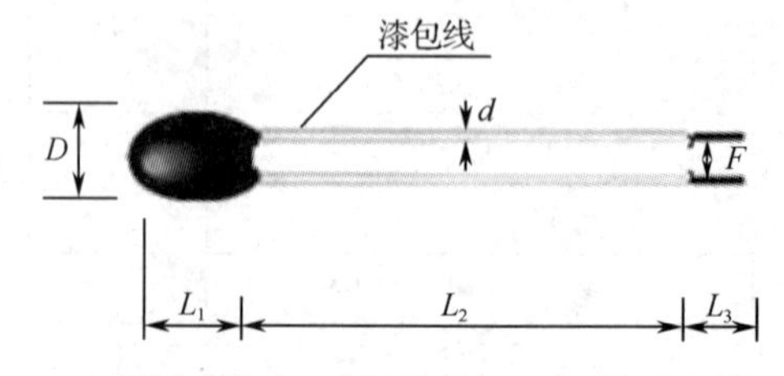

D—感温头直径；F—引脚间距；L—相关部分长度

图 2.2.5　MF52B 的结构和尺寸

热敏电阻尺寸对照表如表 2.2.3 所示。

表 2.2.3　热敏电阻尺寸对照表（单位：mm）

代号	*D*	L_1	L_2	L_3	*d*
	max	max	type	±1	±0.05
B1	1.6	4.0	100/87	3	0.2

表 2.2.4 中，①MC 代表深圳市敏创公司；②MF52 表示 NTC 热敏电阻；③表示热敏电阻的涂装材料；④表示 25℃时标准阻值（$R_{25℃}$），如 102，即 $R_{25℃}$为 1kΩ；⑤表示阻值精度：F（±1%），G（±2%），H（±3%），J（±5%）；⑥表示 *B* 值（$B_{25/50℃}$），如 3435，即 $B_{25/50℃}$为 3435K。

表 2.2.4　产品规格说明

MC	MF52	B	102	F	3435
①	②	③	④	⑤	⑥

MF52B-F103F350 的含义：

深圳市敏创公司研发的 NTC 热敏电阻；F 是指 NTC 的公差范围是 1%精度，103 是指热敏电阻的阻值为 10kΩ，3905 是指热敏电阻的热敏常数 *B* 值为 3950K。

额定温度对应阻值如表 2.2.5 所示。

表 2.2.5　额定温度对应阻值

额定零功率阻值 R_{37}（1～32）±0.09%（37.00℃）							
1 挡	29.111kΩ	9 挡	29.535kΩ	17 挡	29.964kΩ	25 挡	30.401kΩ
2 挡	29.164kΩ	10 挡	29.588kΩ	18 挡	30.019kΩ	26 挡	30.456kΩ
3 挡	29.216kΩ	11 挡	29.641kΩ	19 挡	30.073kΩ	27 挡	30.511kΩ
4 挡	29.269kΩ	12 挡	29.695kΩ	20 挡	30.128kΩ	28 挡	30.566kΩ
5 挡	29.322kΩ	13 挡	29.749kΩ	21 挡	30.182kΩ	29 挡	30.622kΩ
6 挡	29.375kΩ	14 挡	29.802kΩ	22 挡	30.237kΩ	30 挡	30.677kΩ
7 挡	29.428kΩ	15 挡	29.856kΩ	23 挡	30.291kΩ	31 挡	30.731kΩ
8 挡	29.481kΩ	16 挡	29.910kΩ	24 挡	30.346kΩ	32 挡	30.785kΩ

注：当测试温度精度超出±0.01℃时，阻值会发生轻微漂移，漂移幅度随超出温度精度的增加而增加。

三、焊接注意事项

测量标称阻值 R_t：用万用表测量 NTC 热敏电阻的方法与测量普通固定电阻的方法相同，即根据 NTC 热敏电阻的标称阻值选择合适的电阻挡，可直接测出 R_t 的实际值。但因 NTC 热敏电阻对温度很敏感，故测试时应注意以下几点。

（1）R_t 是生产厂家在环境温度为 25℃时所测得的，所以用万用表测量 R_t 时，也应在环境温度接近 25℃时进行，以保证测试的可信度。

（2）测量功率不得超过规定值，以免电流热效应引起测量误差。

（3）注意正确操作。测试时，不要用手捏住热敏电阻，以防止人体温度对测试有影响。

（4）估测温度系数 α_t：先在室温 t_1 下测得阻值 R_{t1}，再用电烙铁作热源，靠近热敏电阻 R_t，测出阻值 R_{t2}，同时用温度计测出此时热敏电阻 R_t 表面的平均温度 t_2 再进行计算。

在焊接元器件时，要注意合理布局，先焊接小元器件，后焊接大元器件，防止小元器件插接后掉下来的现象。焊接完成后先自查元器件焊接的质量。观察焊接引脚的正确性，如果有问题，在修改完成确认无误后，通电测试。

如果电路焊接正确，通电后，可以通过调节 R_P 电阻的阻值，实现合适的温度参数控制。

四、电路的布局

根据图 2.2.1、图 2.2.6 和表 2.2.1，进行电路的焊接和测试，最终效果图应该如图 2.2.7 所示。

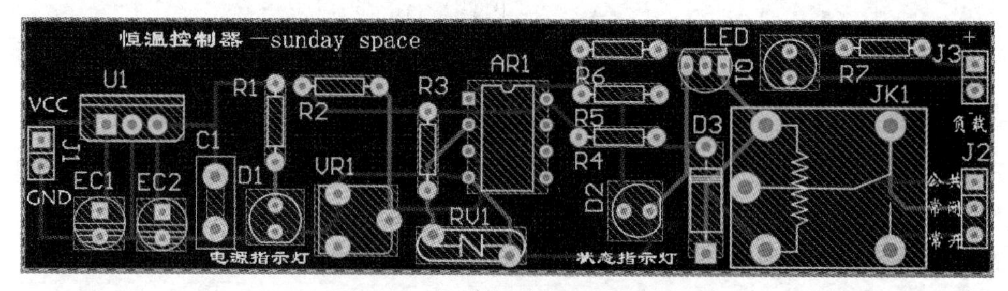

图 2.2.6　恒温控制器电路接线图

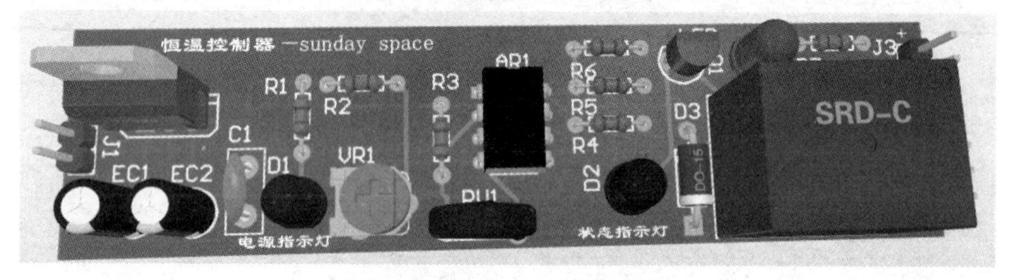

图 2.2.7　恒温控制器焊接效果图

焊接的时候，采用“从左向右，逐步焊接，逐步测试”原则。首先焊接 LM7805 电源部分和电源指示灯，接通电源后，电源指示灯点亮，说明电源无问题。接着焊接 LM393 和状态指示灯，改变温度传感器周围的温度值，状态指示灯出现亮灭的变化，调整 VR1，能够调整温度设定值。然后焊接继电器和负载电路，当状态指示灯变化的时候，继电器会有吸合的声音。

注意事项如下。

（1）要注意安全用电。

（2）在待测温度变化的情况下，需要重新调节电位器位置。

任务考核

独立完成任务的制作。

创新型项目　温控系统的设计与制作

- 项目描述：将温度检测技术与单片机技术结合起来，构建一个智能控制系统，用于人们的生产生活。
- 知识要点：了解温度量的检测方法；
  掌握 DS18B20 的工作原理；
  掌握单片机最小系统的构成；
  掌握单片机 C 语言的编程及下载方法。
- 技能要点：掌握温度量控制系统编程方法；
  能够实现温度量自动控制系统的创新设计。

任务描述

设计一个智能温控报警系统，该系统通过温度量传感器检测对象的温度，将这个值与预设温度值进行比较，当满足一定条件时，实现蜂鸣器报警和指示灯显示。同时，为了便于观察，能够实现在液晶屏上实时显示当前测得的温度值，且预设温度值可以重复修改。

任务要求

（1）选择合适集成温度传感器实现与单片机的连接；
（2）能够设定温度值，实现蜂鸣器报警及指示灯显示；
（3）编程模块化程序，能够实现控制报警功能。

任务分析

智能温控报警系统硬件结构图如图 2.3.1 所示，选用数字集成温度传感器 DS18B20 作为温度检测器件，采用以 STC89C51 为核心的最小系统作为控制核心，将传感器 DS18B20 测得的数字温度值输入单片机中并与程序中预设温度值进行比较，然后根据比较的结果控制指示灯和蜂鸣器，同时，采用 LCD1602 液晶屏作为显示模块，实时显示当前测温值。

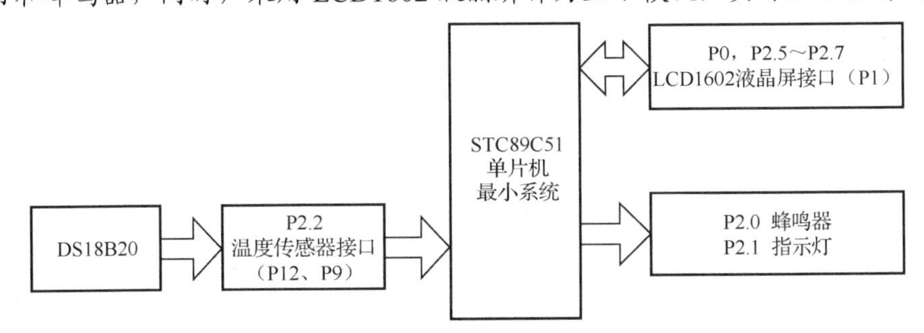

图 2.3.1　智能温控报警系统硬件结构图

51单片机的控制程序采用C语言编写，流程图如2.3.2所示。首先，对LCD1602液晶屏、按键、蜂鸣器、指示灯、温度传感器接口进行初始化，保证相关设备处于初始状态。其次，在主程序中不断读取当前测量值并将其显示在液晶屏上，将测量值与预设值进行比较，当测量值大于预设值时，蜂鸣器报警、指示灯点亮；反之，蜂鸣器、指示灯皆不工作。

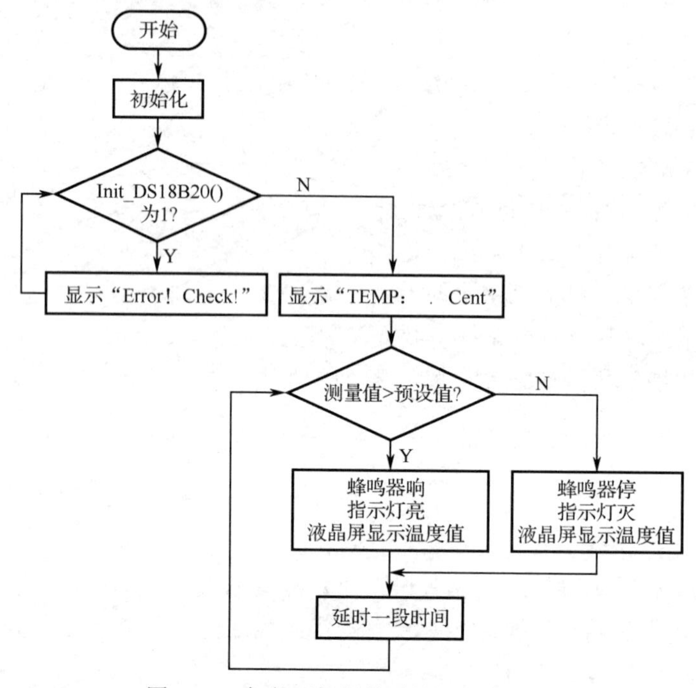

图2.3.2　智能温控报警系统软件流程图

任务实施

一、模块测试分析

1. 传感器模块的焊接与测试

由图2.3.3可以看出，VCC接3～5.5V直流电源，GND接电源负极，电源指示灯亮，DQ输出传感器数据，下载相应的驱动程序即可使用。板载DS18B20芯片，内置上拉电阻，同时板载电源指示灯点亮。使用的时候一定要注意接线正确，切勿将正负极接反，使电路板上的电子元器件烧坏，焊接效果如图2.3.4所示。

2. DS18B20特性分析

DS18B20具有体积小、硬件端口占用较少、抗干扰能力强、精度高、附加功能强等优点。

1）器件特性

①DS18B20采用全数字温度转换及输出、先进的单总线数据通信；②最高12位分辨率，精度可达±0.5℃，12位分辨率时的最大工作周期为750ms；③可选择寄生工作方式；

④检测温度范围为–55～125℃（–67～257℉），内置 EEPROM，限温报警功能；⑤64 位光刻 ROM，内置产品序列号，方便多机挂接；⑥多种封装形式，适应不同硬件系统。

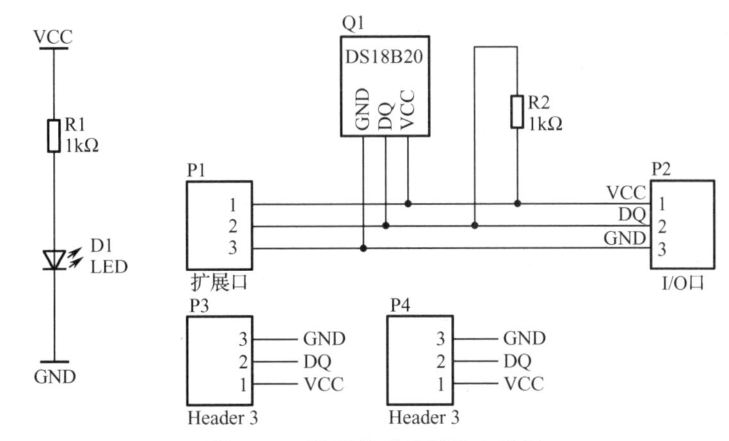

图 2.3.3　温度传感器模块电路图

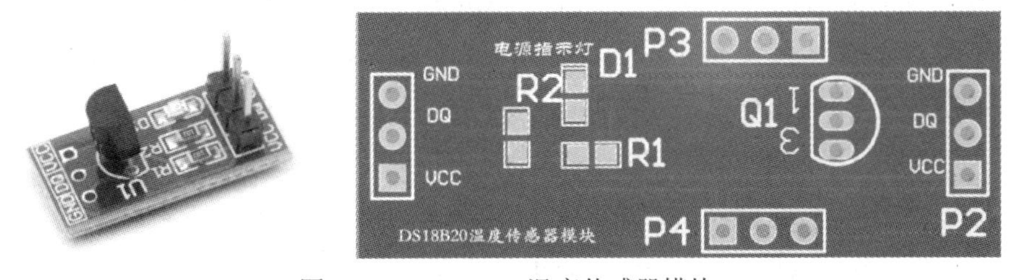

图 2.3.4　DS18B20 温度传感器模块

2）封装结构

DS18B20 芯片封装结构如图 2.3.5 所示。

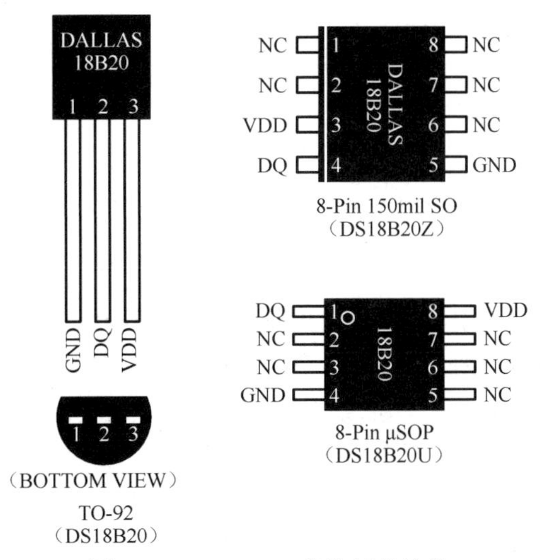

图 2.3.5　DS18B20 芯片封装结构

3）官方电路

DS18B20 只需要接到控制器（单片机）的一个 I/O 口上，由于单总线为开漏，因此需要外接一个 4.7kΩ的上拉电阻。如要采用寄生工作方式，只要将 VDD 电源引脚与单总线并联即可，如图 2.3.6 所示。但在程序设计中，寄生工作方式会对总线的状态有一些特殊的要求。

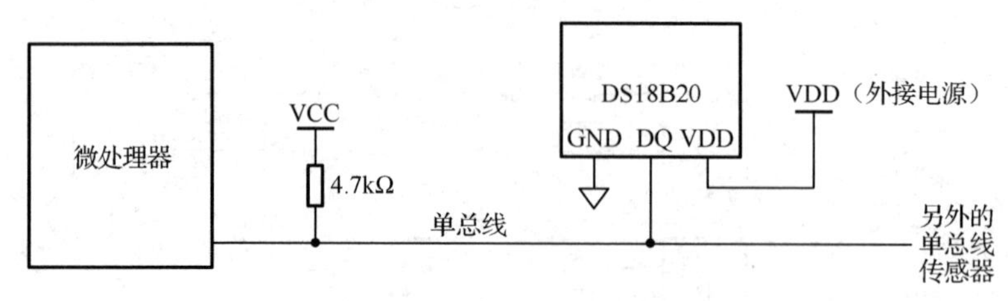

图 2.3.6　DS18B20 推荐电路

4）内存空间

以下是内部 9 字节的暂存单元（包括 EEPROM）。字节 1 和字节 2 分别作为温度寄存器的低字节和高字节。字节 3 和字节 4 作为过温和低温温度报警寄存器。字节 5 保存着配置寄存器的数据。DS18B20 内存分布如图 2.3.7 所示。

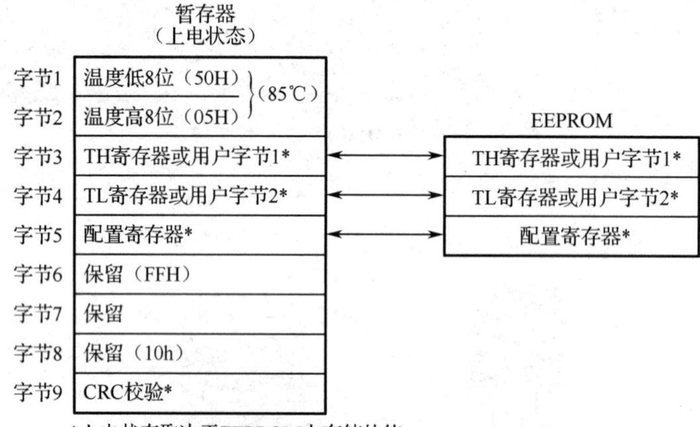

图 2.3.7　DS18B20 内存分布

5）工作指令

温度转换指令：0x44（44H），启动 DS18B20 转换温度。

读暂存器指令：0xBE（BEH），读取暂存器中的 9 字节数据。

写暂存器置零：0x4E（4EH），把数据写入暂存器的 TH、TL。

赋值暂存器：0x48（48H），把暂存器中的 TH、TL 写入 EEPROM 中。

读电源供电方式：0xB4（B4H）：启动 DS18B20，发送电源供电方式。

重调 EEPROM：0xB8（B8H）：把 EEPROM 中的 TH、TL 读至暂存器 4，通过单总线访问 DS18B20 的时序。

6）操作时序

通过控制 DS18B20 信号引脚高低电平的时间，便可实现 0 和 1 的传输，如图 2.3.8 所示实现复位操作，如图 2.3.9（a）所示实现读操作，如图 2.3.9（b）所示实现写操作。

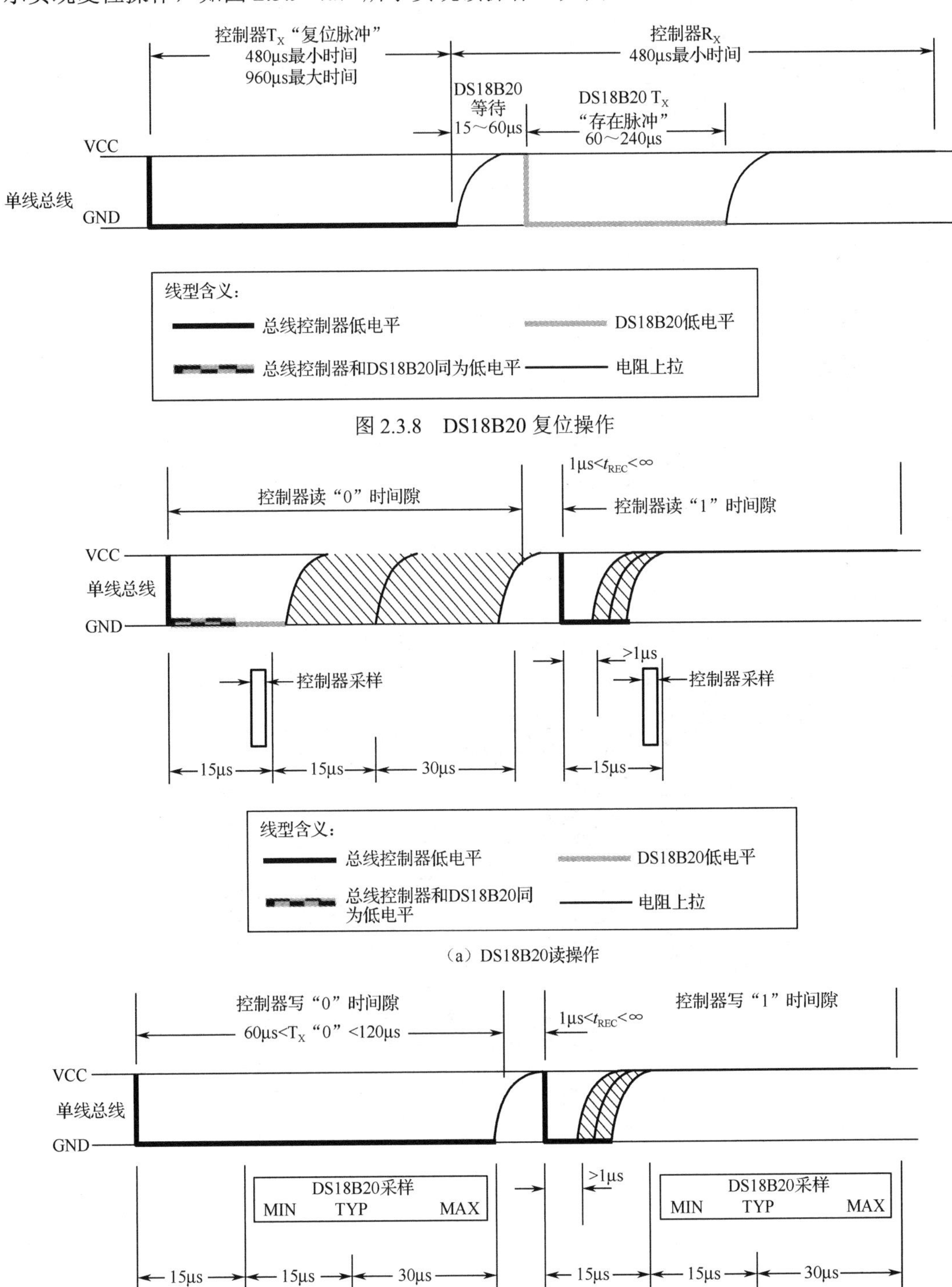

图 2.3.8　DS18B20 复位操作

（a）DS18B20读操作

图 2.3.9　DS18B20 读/写操作

二、电路与编程

1. 硬件焊接

硬件按照图 2.3.10（a）～（c）的顺序焊接。

① 将 DS18B20 直接接到温度传感器接口 P12，或者采用排线将 DS18B20 与开发板 P9 接口相连。

② 接通电源。

③ 按下按键 S2。

④ 屏幕显示环境温度值。

⑤ 加热环境温度，当环境温度超过 30℃时，指示灯点亮，蜂鸣器报警。

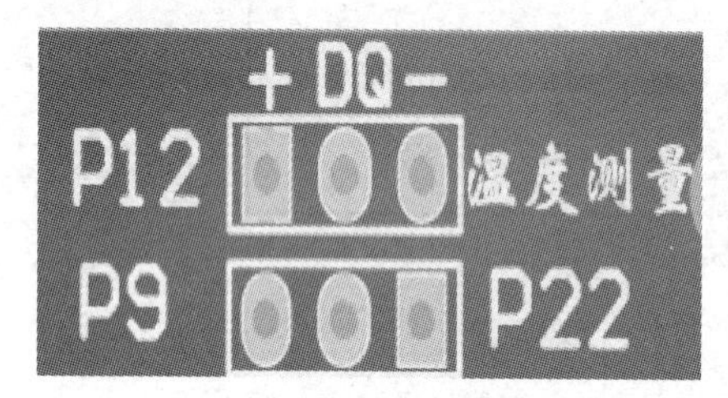

（a）温度传感器接口

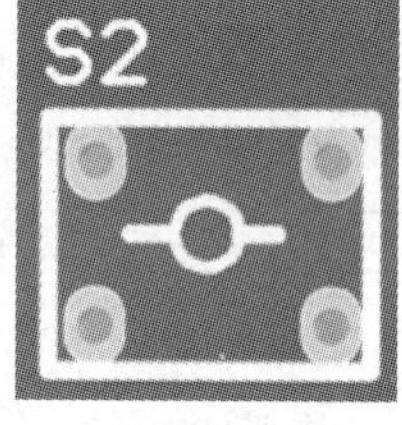

（b）按键 S2

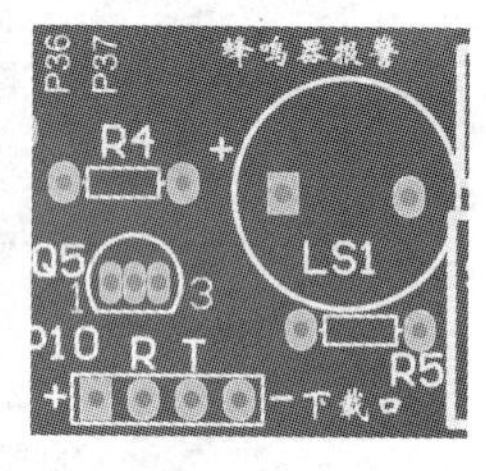

（c）蜂鸣器和指示灯电路

图 2.3.10　温控系统硬件焊接示意图

图 2.3.10（a）为温度传感器接口 P12，直接连接到 P2.2 引脚。图 2.3.10（b）为按键 S2，在内部完整程序中，通过该按键实现 DS18B20 的信号检查与控制。图 2.3.10（c）为蜂鸣器和指示灯电路，通过程序加以控制。温控系统硬件焊接效果图如图 2.3.11 所示。

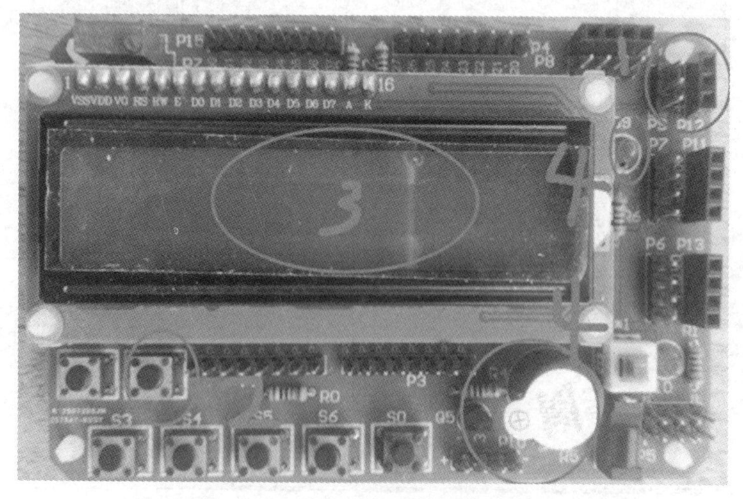

图 2.3.11　温控系统硬件焊接效果图

2．软件编程

```
/*****************************************************************************
* 文件名：温度量的检测与控制——数字温度 DS18B20 传感器                    *
* 描  述：实现温度的检测与控制
* 创建人：天之苍狼，2018 年 9 月 1 日
* 版本号：SHD_JY_ 1.06                                                   *
* 技术支持论坛：六安市双达电子科技有限公司、六安职业技术学院
*****************************************************************************
*  1.通过本例程了解 DS18B20 的基本原理和使用，理解并掌握 DS18B20 驱动程序的编写   *
*  2.了解掌握 I2C 总线接口的工作原理及一般编程方法
*     ①将 DS18B20 直接接到温度传感器接口 P12，或者采用排线将 DS18B20 与开发板 P9 接口相连
*     ②接通电源
*     ③按下按键 S2
*     ④屏幕显示环境温度值
*     ⑤加热环境温度，当环境温度超过 30℃时，指示灯点亮，蜂鸣器报警
*  P0 口+ P2.5，P2.6，P2.7，为液晶 LCD1602 驱动引脚，P2.0 为蜂鸣器报警电路驱动引脚，P2.1 为
   LED 报警电路驱动引脚，P2.2 引脚连接温度传感器接口 P12
* 注意：晶振为 12.000MHz，其他频率需要自己换算延时数值
*****************************************************************************/
#include <reg51.h>
#include <intrins.h>
#include "lcd1602.h"
#include "18b20.h"

sbit Warn_LED = P2^1;
sbit Warn_Buzzer = P2^0;

unsigned char code digit[10]={"0123456789"};          //定义字符数组显示数字
extern unsigned char TD,TN;                           //储存温度的小数部分

/*****************************************************
函数功能：延时 1ms
(3j+2)*i=(3×33+2)×10=1010(μs)，可以认为是 1ms
*****************************************************/
void delay1ms()
{
     unsigned char i,j;
     for(i=0;i<4;i++)
     for(j=0;j<33;j++);
}

 /*****************************************************
函数功能：延时若干毫秒
入口参数：n
```

```
*****************************************************/
void delaynms(unsigned char n)
{
    unsigned char i;
    for(i=0;i<n;i++)
    delay1ms();
}

/*****************************************************
函数功能：主函数
*****************************************************/
void main(void)
{
    L1602_init();
    L1602_string(1,1," Test by DS18B20 ");

    while(Init_DS18B20()==1)
    {
        L1602_string(2,1,"Error!Check!");
        while(1);
    }
    L1602_string(2,1,"TEMP:    .   Cent");

    while(1)                                    //不断检测并显示温度
    {
            GetTemp();
            L1602_char(2,6,digit[TN/100        ] );  //百位
            L1602_char(2,7,digit[(TN%100)/10] );  //十位
            L1602_char(2,8,digit[TN%10         ] ); //个位
            L1602_char(2,10,digit[TD] );//小数
            if(TN>30)
            {
                Warn_LED = 0;                   //指示灯亮
                Warn_Buzzer = 0;                //蜂鸣器报警
            }
            else
            {
                Warn_LED = 1;                   //指示灯灭
                Warn_Buzzer = 1;                //蜂鸣器不报警
            }
            delaynms(10);
        }
}
```

3．注意事项

（1）确保电路焊接无虚焊、短路等现象。

（2）将传感器与控制器的引脚连接合适。

任务考核

独立完成任务的制作。

教学情境三

气体量的检测与处理

学校附近新开了一家化工厂，常有气体排放，同学们接到任务，利用气体传感器对化工厂排放的气体进行检测，要求检测常见有害气体的成分和浓度，分析排放的有害气体是否符合环保要求。

引导型项目　认识气体传感器

> ➢ **项目描述**：通过网络搜索气体传感器，了解相关传感器的性能、价格、应用领域；
> 通过对常用气体传感器的认知，能够熟练使用各类气体传感器。
> ➢ **知识要点**：了解气体传感器的基本原理及分类；
> 掌握常用气体传感器的结构及特性。
> ➢ **技能要点**：能根据测量对象选用合适的气体传感器；
> 会分析常见的气体传感器电路。

✧ 任务 1 熟悉常用气体传感器

任务描述 ◎

通过网络查找主流的气体传感器，了解其用途、型号、价格，并通过线上资源了解各类传感器的工作原理。

✧ 任务 2 气体传感器的标定

任务描述 ◎

利用 THSRZ-1 传感器实训台进行气体传感器的标定，为后续的传感器电路的设计与制作打下坚实的基础。

任务 1　熟悉常用气体传感器

任务描述 ◎

通过网络查找主流的气体传感器，了解其用途、型号、价格，并通过线上资源了解各类传感器的工作原理。

任务要求 ◎

（1）能够识别主要的气体传感器；

（2）了解气体传感器的工作原理；

（3）能够根据需要选择合适的气体传感器。

任务分析

（1）通过网络大体了解气体传感器的类型；
（2）搜索相关厂家的官方网站，下载传感器的说明书；
（3）根据说明书，掌握传感器的参数及用法。

任务实施

一、主要的气体传感器及其参数

1. CJMCU-811

CJMCU-811 是一种低功耗的数字气体传感器，集成了 CCS801 传感器和 8 位 MCU（带模/数转换器），可用来检测室内的空气质量，包括一氧化碳（CO）和广泛的挥发性有机化合物气体（VOCs）。CJMCU-811 如图 3.1.1 所示。

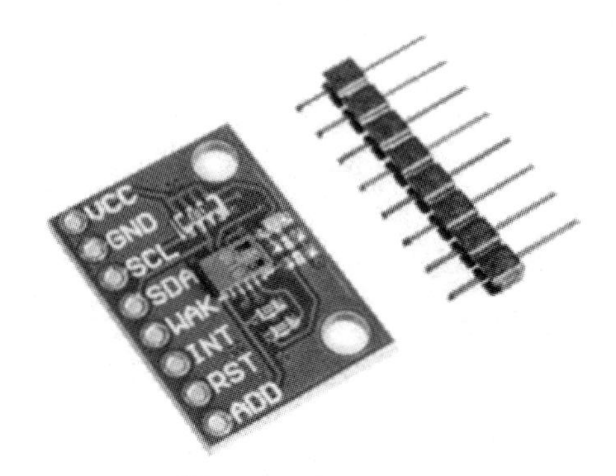

图 3.1.1　CJMCU-811

2. MQ-2

烟雾传感器 MQ-2 使用二氧化锡半导体气敏材料，属于表面离子式 N 型半导体。当 MQ-2 与烟雾接触时，如果晶粒间界处的势垒受到烟雾的调制而变化，就会引起表面电导率的变化。利用这一点就可以获得烟雾存在的信息，烟雾浓度越大，电导率越大，输出电阻越小。MQ-2 如图 3.1.2 所示。

图 3.1.2　MQ-2

3. MQ-135

空气质量传感器 MQ-135 使用的气敏材料是在清洁空气中电导率较小的二氧化锡。当 MQ-135 所处环境中存在污染气体时，其电导率随空气中污染气体浓度的增加而增大。使用简单的电路即可将电导率的变化转换为与该气体浓度相对应的输出信号。MQ-135 对氨气、硫化物、苯系蒸气的灵敏度高，对烟雾和其他有害气体的监测也很理想。MQ-135 可检测多种有害气体，是一款适合多种应用的低成本传感器。MQ-135 如图 3.1.3 所示。

图 3.1.3　MQ-135

4. 电化学甲醛传感器

电化学甲醛传感器是从呼吸式酒精传感器基础上开发出来的，可以适用于绝大多数的环境应用。优点：具有简单的设计和结构、极少的配件及竞争力极强的价格；燃料电池的原理决定其不需要电源，而电路部分仅需要电池就可以满足；具有长期的稳定性，分辨率优于 0.02ppm。该产品应用于手持检测器、室内检测装置、空气清新机、空调设备。电化学甲醛传感器如图 3.1.4 所示。

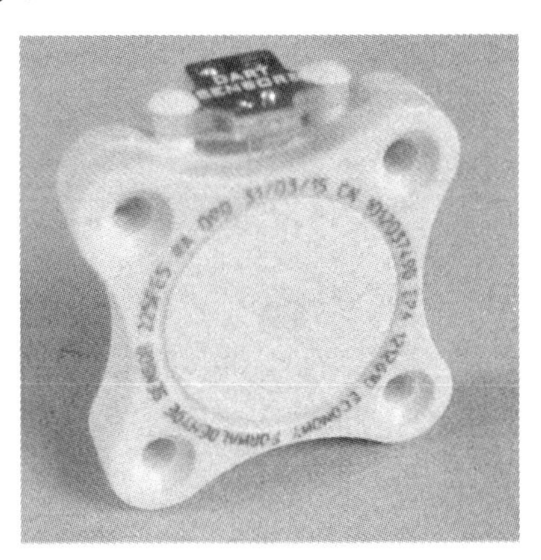

图 3.1.4　电化学甲醛传感器

5. 红外线复合气体传感器

红外线复合气体传感器基于行业领先的红外线复合测量技术。环境中的待测气体以扩散形式通过微孔过滤片进入壳体内，吸收特定波长的红外线，且吸收强度与待测气体浓度满足朗伯-比尔吸收定律，通过分析吸收前后红外线的光强变化获得待测气体浓度。红外线复合气体传感器如图 3.1.5 所示。

图 3.1.5　红外线复合气体传感器

6．激光氯化氢气体检测传感器

激光氯化氢气体检测传感器采用 1.74μm 多量子阱分布反馈激光器原理；主要应用于氯化氢气体检测；包含光隔离器、TEC、热敏电阻、激光器和背光探测器，封装方式为 14 针蝶形封装。激光氯化氢气体检测传感器如图 3.1.6 所示。

图 3.1.6　激光氯化氢气体检测传感器

二、气体传感器的工作原理

在遇到交警查酒驾时，为什么交警仅仅让驾驶员吹一口气，就判定驾驶员涉嫌酒后驾驶或醉酒驾驶呢？

这里就不得不提到交警执法里所用到的测试设备——酒精测试仪，酒精测试仪的核心部件是一种可以精确测定酒精成分和浓度的气体传感器，交警正是通过它测出驾驶员呼出的气体中是否含有酒精成分，以及含有酒精的多少，作为判断对方是否涉嫌酒驾或醉驾的依据。

气体传感器是指用于探测在一定区域范围内是否存在特定气体或能连续测量气体成分浓度的仪表。在煤矿、化工、石油、市政、医疗、家庭、交通运输等安全防护方面具有广泛应用，气体传感器常用于探测可燃、易燃、有毒气体的浓度或其存在与否，或氧气的消耗量等。在电力工业等生产制造领域，也常用气体传感器定量测量烟气中各组分的浓度，以判断燃烧情况和有害气体的排放量等。在大气环境监测领域，采用气体传感器判定环境污染状况，更是十分普遍。

20 世纪初第一只半导体式传感器诞生于英国，并一直在欧洲发展和应用，直到 20 世纪 50 年代半导体传感技术才流传到日本，费加罗技研的创始人田口尚义在 1968 年 5 月率先发明了半导体式气体传感器。它可以用简单的回路检测出低浓度的可燃性气体和还原性气体，同时将这个半导体式气体传感器命名为 TGS（Taguchi Gas Sensor），并内置在气体泄漏报警器中，日本的许多家庭和工厂都设置了这种报警器，用于检测液化气等气体的泄漏。

而欧洲人在发现了半导体式传感器的种种不足后开始研究催化传感器和电化学传感器。气体传感器的理论直到 20 世纪 70 年代才传入我们国家，20 世纪 80 年代我国才开始研制气体传感器，整个生产技术主要继承于德国。

气体传感器按检测气体种类，常可分为可燃气体传感器、有毒气体传感器、有害气体传感器等；按仪表使用方法，可分为便携式气体传感器和固定式气体传感器；按获得气体样品的方式，可分为扩散式气体传感器（传感器直接安装在被测对象环境中，实测气体通过自然扩散与传感器检测元件直接接触）和吸入式气体传感器（通过使用吸气泵等手段，将待测气体引入传感器检测元件中进行检测。根据被测气体是否稀释，又可细分为完全吸入式气体传感器和稀释式气体传感器等）；按气体组分，可分为单一式气体传感器（仅对特定气体进行检测）和复合式气体传感器（对多种气体成分进行同时检测）；按传感器检测原理，可分为热学式气体传感器、电化学式气体传感器、磁学式气体传感器、光学式气体传感器、半导体式气体传感器。

1．热学式气体传感器

热学式气体传感器主要有热导式气体传感器和热化学式气体传感器两大类。热导式气体传感器是利用气体的热导率，通过对其中热敏元件电阻的变化来测量一种或几种气体组分浓度的，它在工业界的应用已有几十年的历史，仪表类型较多，能分析的气体也较广泛（如 H_2、CO_2、SO_2、NH_3、Ar 等）。热学式气体传感器如图 3.1.7 所示。

图 3.1.7　热学式气体传感器

热化学式气体传感器基于分析气体化学反应的热效应，其中广泛应用的是气体的氧化反应（燃烧），其典型为催化燃烧式气体传感器，其关键部件为涂有燃烧催化剂的惠斯通电桥，主要用于检测可燃气体。图 3.1.8 为热学式气体传感器催化元件示意图，图 3.1.9 为热学式气体传感器催化元件测试电路。热学式传感器主要应用于煤气发生站、制气厂，用来分析空气中的 CO、H_2、C_2H_2 等可燃气体。

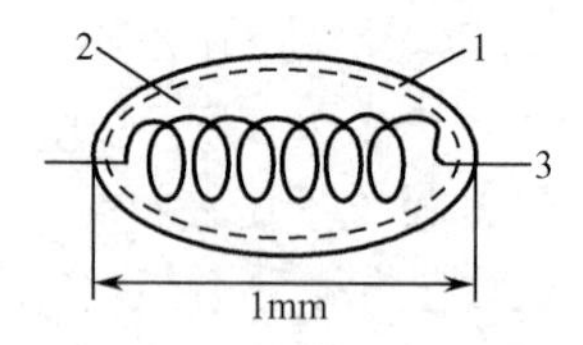

1—催化剂；2—载体；3—Pt 电热丝

图 3.1.8　热学式气体传感器催化元件示意图

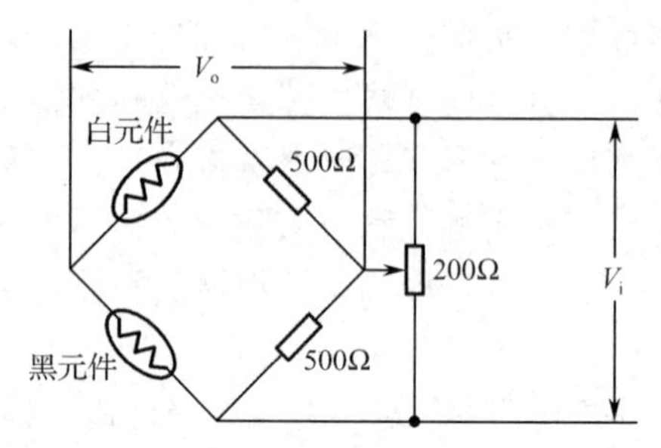

图 3.1.9　热学式气体传感器催化元件测试电路

热学式气体传感器的主要优点：对所有可燃气体的响应有广谱性，对环境温度、湿度影响不敏感，输出信号近线性，且其结构简单，成本低，计量准确，响应快速，寿命较长。

热学式气体传感器的主要不足：精度低，工作温度高（内部温度可达 700～800℃），有引燃爆炸的危险；电流功耗大，易受硫化物、卤素化合物等中毒的不利影响等。

2．电化学式气体传感器

电化学式气体传感器是利用被测气体的电化学活性，将其电化学氧化或还原，从而分辨气体成分、检测气体浓度的。较常见的电化学式气体传感器类型有原电池型（其工作原理类似于燃料电池）、恒定电位电解池型（在电流强制作用下工作，属库仑分析类传感器）、浓差电池型、极限电流型等。电化学式气体传感器如图 3.1.10 所示。

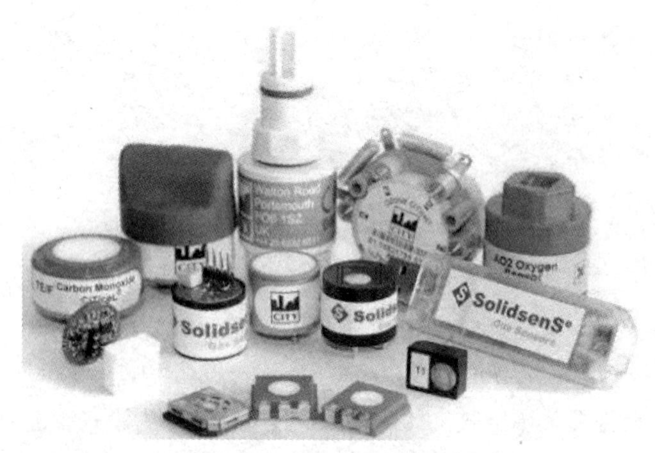

图 3.1.10　电化学式气体传感器

电化学式气体传感器内部结构如图 3.1.11 所示。

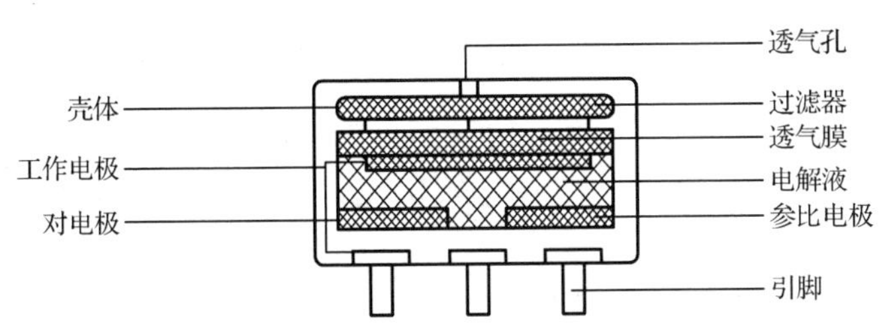

图 3.1.11　电化学式气体传感器内部结构

（1）原电池型气体传感器，也称加伏尼电池型气体传感器、燃料电池型气体传感器、自发电池型气体传感器，其原理同我们用的干电池，只是电池的碳锰电极被气体电极替代了。以氧气传感器为例，氧在阴极被还原，电子通过电流表流到阳极，在那里铅金属被氧化。电流的大小与氧气的浓度相关。原电池型气体传感器可以有效地检测氧气、氧化硫、氯气等。

（2）恒定电位电解池型气体传感器，这种传感器检测还原性气体非常有效，它的原理与原电池型气体传感器不一样，它的电化学反应是在电流强制下发生的，是一种真正的库仑分析类传感器。恒定电位电解池型气体传感器已经成功地用于一氧化碳、硫化氢、氢气、氨气、肼等气体的检测，是目前有毒、有害气体检测的主流传感器。

（3）浓差电池型气体传感器，具有电化学活性的气体在电化学电池的两侧，会自发形成浓差电动势，电动势的大小与气体的浓度有关，这种传感器的成功实例就是汽车用氧气传感器、固体电解质型二氧化碳传感器。

（4）极限电流型气体传感器，利用电化池中的极限电流与载流子浓度相关原理进行氧（气）浓度检测的传感器，用于汽车的氧气检测和钢水中氧浓度检测。

目前，电化学式传感器是检测有毒、有害气体最常见和最成熟的传感器之一。其特点是体积小、功耗小、线性和重复性较好，分辨率一般可以达到 0.1ppm，寿命较长。不足是易受干扰，灵敏度受温度变化影响较大。

3．磁学式气体传感器

在磁学式气体传感器中，最常见的是利用氧气的高磁化特性来测量氧气浓度的磁性氧量分析传感器，其氧量的测量范围最宽，是一种十分有效的氧量测量仪表。常用的有热磁对流式氧量分析传感器和磁力机械式氧量分析传感器。磁学式气体传感器典型应用场合有化肥生产、深冷空气分离、火电站燃烧系统、天然气制乙炔等工业生产中氧的控制和连锁，废气、尾气、烟气等排放的环保监测等。磁学式气体传感器如图 3.1.12 所示。

图 3.1.12　磁学式气体传感器

4．光学式气体传感器

光学式气体传感技术是起步较晚，但发展较快的技术之一。工业中常用的类型有红外线气体分析仪、紫外线分析仪、光电比色式分析仪、化学发光式分析仪和光散射式分析仪等。

红外线式传感器的工作原理是利用被测气体的红外吸收光谱特征或热效应实现气体浓度测量的。常用光谱范围为1～25μm，常用的类型有DIR色散红外线式传感器和NDIR非色散红外线式传感器。红外线式传感器可以有效地分辨气体的种类，准确测定气体浓度。光学式气体传感器如图3.1.13所示。

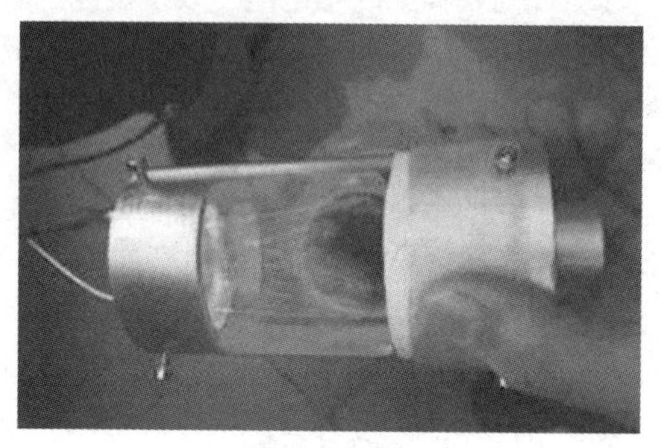

图3.1.13 光学式气体传感器

5．半导体式气体传感器

半导体式气体传感器是由金属氧化物或金属半导体氧化物材料制成的，它与气体相互作用时产生表面吸附，引起以载流子运动为特征的电导率变化或伏安特性或表面电位变化而进行气体浓度测量。半导体式气体传感器如图3.1.14所示。

图3.1.14　半导体式气体传感器

从作用机理上，半导体式气体传感器可分为表面控制型（采用气体吸附于半导体表面而产生电导率变化的敏感元件）、表面电位型（采用半导体吸附气体后产生表面电位或界面电位变化的气体敏感元件）、体积控制型（基于半导体与气体发生反应时体积发生变化，从而产生电导率变化的工作原理）等。半导体式气体传感器可以检测百分比浓度的可燃气体，也可检测ppm级的有毒、有害气体。

如图3.1.15所示，金属氧化物半导体在空气中被加热到一定温度时，氧原子被吸附在带负电荷的半导体表面，半导体表面的电子会被转移到吸附氧上，氧原子就变成了氧负离子，同时在半导体表面形成一个正的空间电荷层，导致表面势垒升高，从而阻碍电子流动。

主要优点：结构简单、价格低廉、检测灵敏度高、反应速度快等。

主要缺点：测量线性范围较小、受背景气体干扰较大、易受环境温度影响等。

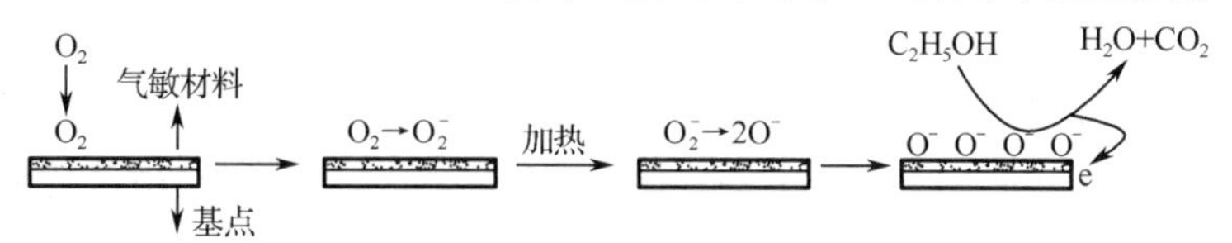

图 3.1.15　表面电荷层模型工作示意图

三、拓展阅读

全球有意思的传感器公司的介绍如下。

1．MC10

MC10 是 John Rogers 教授创办的，MC10 成立的技术基础是“可伸缩电路”。该公司的目标是重新定义人体与电子电路的接口，将人尽可能武装成“超人”。

结合传统电路和新技术来开发出新一代更薄、自适应形状的设备，MC10 的生物印章是能够自适应穿戴者拉伸、弯曲和移动的传感标签设计。生物印章应用薄膜电池技术开发了可充电电池，从而可以测量多项生理机能，测量可以反映大脑、肌肉、心跳及体温的系统数据。

该公司在2010年底和Reebok合作，并于2013年推出一款旗舰产品Reebok CHECKLIGHT，该产品可以方便地测量运动员的运动机能。

2．CAMBRIDGE CMOS SENSORS

该公司创立于 2008 年，其主要产品是微型气体传感器。

该公司目前已有的三款产品应用的技术有：MOX（金属氧化物）技术、micro-hotplate（微加热板）技术及 MEMS micro-hotplate 技术，并且该公司还在积极开发红外探测器。

这些产品技术应用于汽车、呼气测醉器、瓦斯监测设备及医疗保健设备。该公司制作的 CMOS 传感器拥有低功耗（<10mW）、小型化（0.99mm×2mm×3mm）的特点。

3．VALENCELL

该公司主要研发生物数据传感器，在 2006 年成立于美国北卡罗来纳州。

该公司产品包括 3 个新元素：传感器模块设计、单一的提取技术、生理评估。该公司主要产品是 PerformTek。PerformTek 的功能涵盖：心率监测和心率恢复，摄卡路里/能量消耗、距离、速度、节奏、步伐及锻炼跟踪，结合选择锻炼计划和指导。该公司确信其产品不只局限于健身，将来还会涉足医疗甚至军工领域。

VALENCELL 的传感器目前应用于 LG 心率耳机、iriverON 的个人培训耳机、Rhythm+可穿戴的心率检测仪等。

4．OPTOI

该公司最初专注于电子包装，现在其设计和研发应用于工业、环境、生物医学、电信、航空、航天领域的硅传感器。

OPTOI 目前有 4 种类型的传感器：光学传感器、反射传感器、化学 MEMS 传感器及磁传感器。许多光学传感器被用在条形码扫描和运动控制系统，反射传感器应用于自动交易系统和医疗条形码扫描仪。

该公司的合作伙伴 Bellini 花费一年的时间检测冰山的变化，检测冰如何变成冰山，冰山又如何变成水。OPTOI 为 Bellini 提供传感器以检测环境变化和生物识别。

5．VAISALA

VAISALA 是现在全球公认的环境与工业检测技术的领导者，其业务包括二氧化碳测量、光亮度测量、油中水分的含量、压力传感及路面状况测量，此外还有多功能天气传感器。

该公司为很多公司提供应用于生命科学、能量管理、智能家居及工业测量的传感器。该公司研发出了先进的总闪电传感器（Total Lightning Sensor）LS7002。该公司计划在网络上为那些担心雷电会给他们的地面或航空资产带来威胁的人们提供实时数据。

6．Kionix

Kionix 成立于 1993 年，2009 年被日本罗姆收购。该公司制造的加速器被广泛应用于工业、保健及汽车应用。加速器可以内置入震动检测、屏幕旋转、手势识别及活动检测算法。传感器也可以被用作加速器的一部分，该公司还是第一家发明磁陀螺解决方案的公司，该磁陀螺已经被证明可以被 Windows 8.1 系统兼容。

Kionix 发布了一款基于 ARM 的传感器——KX23H，该传感器用于健康类产品。该产品可以计步、计算卡路里并且区分使用者的停止、步行、跑步、坐车等状态。

7．Hillcerest Labs

Hillcerest Labs 是全球著名的运动控制软硬件供应商，该公司和 LG、三星等是战略伙伴合作关系。

Hillcerest Labs 生产传感器内核和传感器模块，该公司的自由空间（Freespace）传感器模块可以用在头顶显示器和虚拟现实程序，同样也可以用在车辆和机器人的工业监控。

8．BOSCH

该公司开发了 6 轴式传感器，用在电子罗盘，同时 9 轴式传感器用在绝对定向传感器。该公司的产品广泛应用在手机、平板电脑等设备。

BOSCH 推出了第一款功耗在 1mA 以下的惯性测量单元（IMU），应用于手机、平板电脑、穿戴设备。

9．attocube

attocube 的各式系统被用在实验室。该公司为工业应用提供科学的测量工具，attocube 开发和制作的光纤位移传感器可以在极端环境下工作。该公司的 FPS 传感器可以实时测量精确到皮米的位移和振动，也就是说该公司的检测工艺在从超精密加工检测到极端严酷的辐射环境下都可以应用。

10．Leti

Leti 致力于小型化技术应用的研究，该公司于 1980 年开始发展 MEMS。该公司有超过 150 人的研发团队来研发和升级新产品，产品包括加速传感器、SOI 压力传感器、重量传感器及湿度传感器。

该公司还积极地分拆转让自己的技术给其他公司。

该公司更多的精力现在放在外部环境检测上，与 CORIMA 合作开发应用于公路和场地自行车赛的压力传感器，测量运动员在脚踏板上的蹬踏力。

11．KNOWLES

该公司成立于 1946 年，致力于通信和音频市场，计划开发在噪声很大的环境中提高声音分辨率的产品，同时还有应用于动物监测、机械设备状态监测、非接触式位置测量及枪击三角的超声波设备。

12．Sensonor

该公司创立于 1985 年，2003 年被英飞凌收购，2009 年从英飞凌分离出来。

该公司目前拥有两个陀螺传感器和一系列压力传感器的模具。该公司的陀螺传感器拥有 SPI 接口并且是刚性陶瓷 LLC 封装的，可以应用于救援、宇航等。

该公司的 SW380 硅 MEMS 传感器芯片应用于“好奇号”火星探测器。

13．EnOcean

EnOcean 公司于 2001 年从西门子分离出来，总部位于慕尼黑。该公司在 2008 年推动成立了 EnOcean 联盟，其联盟成员包括德州仪器、ABB 及霍尼韦尔等。

EnOcean 致力于能量采集技术，使得无线传感器所需要的能量来源于周围环境中采集的能量，其中包括机械能、光能及温差能。该公司的技术包括微能量转换器、微功耗电路及可靠地无线链路，目前主要应用在建筑自动化系统，产品主要有无线无源门卡、无线无源门窗磁及无线无源人体存在传感器。

EnOcean 开关模块被应用于飞利浦的 Hue 智能灯控，并且 EnOcean 还有自己的智能家居系统，涵盖无源无线传感器和开关等一系列产品。

14．XCO

XCO 是一家美国公司，专门研究新型温度传感器。该公司的连续热电偶（Continuous Thermocouples）是线性温度传感器的重要组成部分。CT2C 和 FTLD 是该公司拥有专利的产品，它们被应用在气化炉、电力变电站、危险品仓库及油库。XCO 的产品可以承受恶劣的自然环境及极强的外界压力以保证尽可能早的预警火灾从而保证财产不受损失。

15．VISUALANT

该公司主要研发有彩色标示功能的化学扫描仪。该公司目前销售彩色 ID（ChromaID），该传感器模块是由结构光、发光二极管及光敏二极管组成的。

16. Freescale

该公司是传统的模拟&传感器件生产商，其开发设计生产了 6 轴式传感器、加速计、陀螺仪、压力传感器及触摸传感器，这些传感器被应用在汽车、医药等行业。

Freescale 的运动加速传感器为“吉他英雄”游戏提供了有力的支持。该公司的数字加速器在很多手机中都有应用。2014 年 7 月，Freescale 与 6 家公司共同组建 Thread 联盟，旨在促进 Thread 无线标准在智能家居领域中的发展。

17. KISTLER

该公司生产的传感器主要用于测量力-力矩、力-位移、力-时间等信息。该公司的压电传感器是动态应用的理想选择，并且在内燃机发展的 50 年里发挥了巨大的作用。该公司的压电传感器在 400℃的情况下依然能够测量压力变化。

18. KWJ

KWJ 成立于 1993 年，并于 2007 年与 Transducer Technology 公司合作，将纳米技术应用于气体检测仪器。2008 年，KWJ 在其 Eco 传感器中添加了臭氧检测功能，该传感器被应用于工业检测。

KWJ 致力于研发气体检测传感器。MEMS 纳米传感器是延长电池使用寿命、免维护的低功耗解决方案，并且可以检测甲烷、氢气、二氧化碳或其他可燃性气体。KWJ 还生产了丝网印刷电化学传感器（SPEC），这种传感器通过氧化被测气体来产生电流。

19. Proteus Digital Health

Proteus Digital Health 开发用来收集和汇总各种行为、生理和治疗指标的数码产品。该公司的目前产品中有一个可吸收的传感器，它可以用在处方药中。这种将传感器放入药囊中的设计可以让医生更好地了解病人对治疗的反应。这种传感器会激活胃酸，通过胶囊两端的导体材料产生电流，来供给传感器工作。类似土豆电池的工作原理，胃酸作为电解质。

20. Pyreos

Pyreos 开发的被动红外线技术，被应用在石油和天然气领域。同时该公司的传感器还经常被应用于工业气体、火焰检测及手持光谱等市场。其专利技术是在公司成立之初，从西门子获得的。该公司的非接触式的姿势控制传感器可以在距离手 2m 的范围内检测到用户的热量。

在获得 400 万美元投资后，Pyreos 开发两款不同的感知人类行为和近距离识别的传感器，其中一款测量范围是 500px，另一款是 1m。它们可以检测上下左右及输入功能。这种红外线传感器是移动设备的理想选择，因为它的耗电量是 mV 级的，功耗比 LED 运行时的 1/500 还要少。

任务考核

（1）通过网络查询一款未罗列出来的气体传感器，填写表 3.1.1。

表 3.1.1　气体传感器查询

型　号	分　类	功　能	优　点	价　格

（2）整理一款气体传感器，填写任务报告，内容包括型号、封装、原理、电路图、应用领域及应用电路。

任务2　气体传感器的标定

任务描述

利用 THSRZ-1 传感器实训台进行气体传感器的标定，为后续的传感器电路的设计与制作打下坚实的基础。

任务要求

（1）能够使用 THSRZ-1 传感器实训台，实现对酒精气体的浓度测定；
（2）能够标定气敏传感器的参数，记录相关数据；
（3）能够标定半导体气敏传感器对气体浓度的标定，记录相关数据。

任务分析

（1）在了解相关传感器工作原理的基础上，了解检测目标；
（2）掌握 THSRZ-1 工作台的布局及各模块的使用方法；
（3）根据实训指导书完成相关实训内容的练习；
（4）记录数据，加以分析，填写实验报告。

任务实施

一、气敏传感器实验

1. 实验目的

了解半导体气敏传感器原理及应用。

2. 实验仪器

气敏传感器、酒精、棉球（自备）、差动变压器实验模块。

3. 实验原理

本实验所采用的 SnO_2（氧化锡）半导体气敏传感器属于电阻型气敏元件，它利用了气体在半导体表面的氧化还原反应导致敏感元件阻值的变化，若气体浓度发生变化，则阻值发生变化，根据这一特性，可以从阻值的变化得知吸附气体的种类和浓度。

4．实验内容与步骤

（1）将气敏传感器夹持在差动变压器实验模板上的传感器固定支架上。

（2）按图 3.1.16 进行接线，将气敏传感器的红色接线端接+5V 加热电压，黑色接线端接地，电压输出选择±10V，黄色接线端接+10V 电压，蓝色接线端接 R_{w1} 端。

（3）将±15V 直流稳压电源接入差动变压器实验模块。差动变压器实验模块的输出端 U_o 接主控台直流电压表。打开主控台总电源，预热 5min。

（4）用浸透酒精的小棉球，靠近传感器，并吹 2 次气，使酒精挥发进入传感器金属网内，观察电压表读数变化。

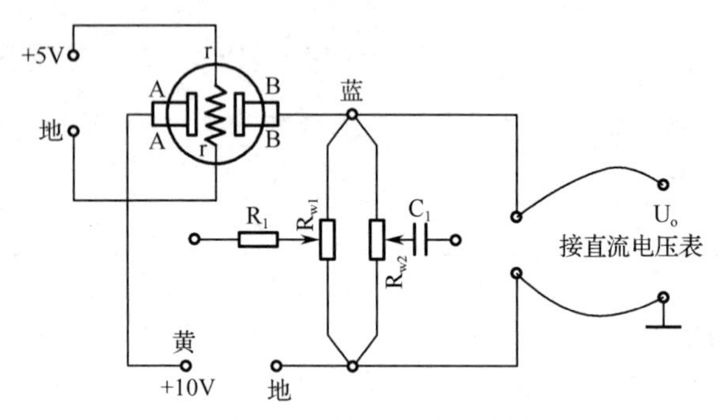

图 3.1.16　气敏传感器接线示意图

5．项目报告

完成实验测试，记录相关数据并完成项目报告。

二、湿敏传感器实验

1．实验目的

了解湿敏传感器的原理及应用范围。

2．实验仪器

湿敏传感器、湿敏座、干燥剂、棉球（自备）。

3．实验原理

湿度是指大气中水分的含量，通常采用绝对湿度和相对湿度两种方法表示，绝对湿度是指单位体积中所含水蒸气的含量或浓度，用符号 AH 表示，相对湿度是指被测气体中的水蒸气压和该气体在相同温度下饱和水蒸气压的百分比，用符号%RH 表示。湿度给出大气的潮湿程度，因此它是一个无量纲的值。实验使用中多用相对湿度概念。湿敏传感器种类较多，根据水分子易于吸附在固体表面渗透到固体内部的这种特性（称水分子亲和力），湿敏传感器可以分为水分子亲和力型和非水分子亲和力型两种类型，本实验所采用的属水分子亲和力型中的高分子材料湿敏元件。高分子电容式湿敏元件是利用元件的电容值随湿度变化的原理，具有感湿功能的高分子聚合物。例如，乙酸-丁酸纤维素和乙酸-丙酸比纤维素等，做成薄膜，它们具有迅速吸湿和脱湿的能力，感湿薄膜覆在金箔电极（下电极）上，然后在感湿薄膜上再镀一层多孔金属膜（上电极），这样形成的一个平行板电容器就可以通过测量电容的变化来判断空气湿度的变化。

4．实验内容与步骤

（1）湿敏传感器接线示意图如图 3.1.17 所示，红色接线端接+5V 电源，黑色接线端接地，蓝色接线端接频率/转速表输入端。频率/转速表选择频率挡。记下此时频率/转速表的读数。

（2）将湿棉球放入湿敏腔内，并插上湿敏传感器探头，观察频率/转速表的变化。

（3）取出湿棉球，待数显表示值下降恢复到原示值时，在湿敏腔内放入部分干燥剂，同样将湿敏传感器置于湿敏腔孔上，观察数显表头的读数变化。

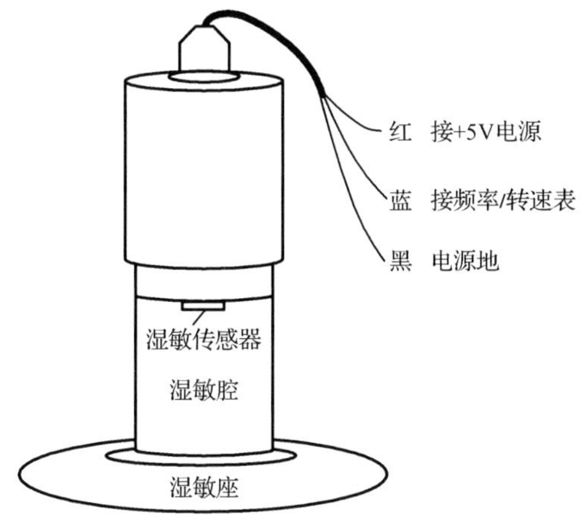

图 3.1.17　湿敏传感器接线示意图

5．实验报告

输出频率与相对湿度对应如下，参考表 3.1.2，计算以上三种状态下空气相对湿度。

表 3.1.2　相对湿度与输出频率之间的关系

相对湿度/%	0	10	20	30	40	50	60	70	80	90	100
输出频率/Hz	7351	7224	7100	6976	6853	6728	6600	6468	6330	6186	6033

任务考核

（1）完成实验项目，填写实训报告。

（2）能够熟练使用操作台，完成相应的实训任务。

驱动型项目　燃气报警器设计与制作

- **项目描述**：利用气体传感器对气体量的检测，设计并制作一款能够应用于日常生活的燃气泄漏报警装置，实现学以致用的教学目标。
- **知识要点**：电阻式气敏传感器的检测电路的设计。
- **技能要点**：能够焊接和调试电阻式气敏传感器组成的检测电路；能够测试和调节电路的灵敏度，增大检测距离。

任务描述

基于日常安全、结构简单、性能稳定、使用方便，设计了一款燃气报警器，它可以准确地检测到燃气，并且立刻报警，以免发生事故。

任务要求

（1）能够选择合适的气体传感器；

（2）采用直流电源供电，发现燃气泄漏后发出报警信号。

任务分析

根据图 3.2.1 可知，该报警器由降压整流与稳压电路、气敏元件和触发报警电路等组成。通过 LM317 可调直流电源模块实现交流电（220V）转直流电（9V），将 9V 直流电连接到本电路的电源 J1 口，在 LM7805 的作用下，产生 5V 的稳压电源，点亮电源指示灯 D5。检测电路采用半导体气敏元件 MQ-135，其适用于空气中有煤气、液化石油气等燃气成分的报警，其要求加热电压稳定，故采用 LM7805 对电源电压进行稳压，且要求开机预热 3min。在正常情况下，气敏元件的 A-B 极间呈高阻态，VR1 输出低电平（小于 0.4V），NE555 时基电路被强制复位，指示灯 D6 常亮。J2 外接蜂鸣器，蜂鸣器可报警。

当空气中有煤气、液化石油气等燃气成分时，气敏元件的电导率增加，VR1 输出电平增高，当燃气浓度达到规定值（如 1%）时，VR1 输出电平大于 0.4V，NE555 时基电路强制复位被解除，指示灯 D6 闪烁，蜂鸣器发出报警声音。用户听到报警声音后应立即关闭气门，并采取开窗通风等必要的紧急措施。

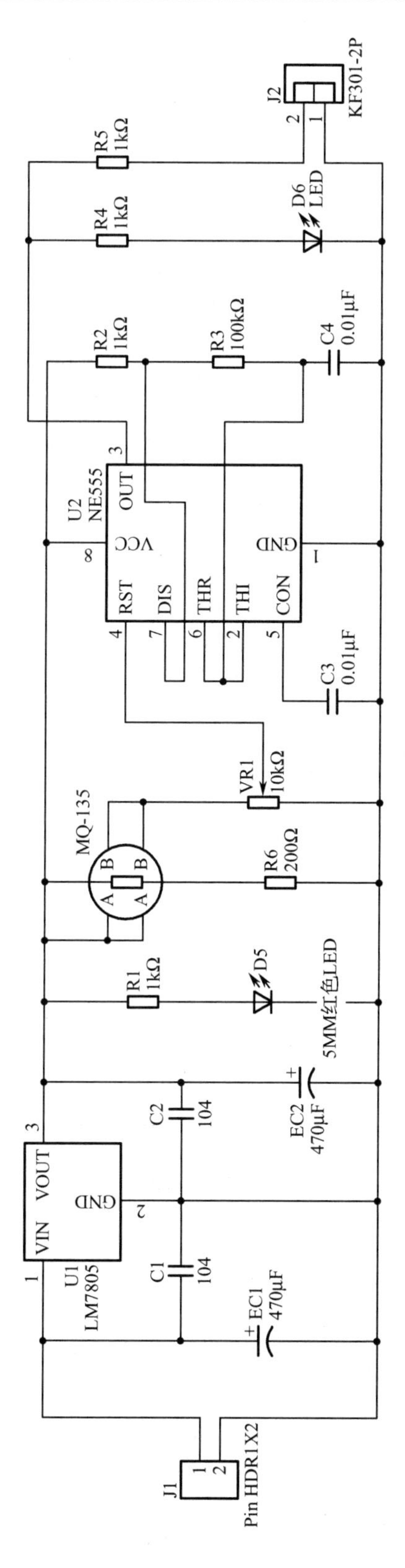

图3.2.1　燃气报警器电路图

任务实施

一、准备阶段

制作燃气报警器主要采用 LM7805 对 12V 电源进行降压和稳压，然后采用 MQ-135 对燃气进行检测，进而驱动 NE555 构成的振荡电路。指示电路采用 LED，同时预留了蜂鸣器的接口电路，燃气报警器元器件清单表如表 3.2.1 所示。

表 3.2.1　燃气报警器元器件清单表

元 器 件	描　述	标　号	封　装	库	数　量
CAP	无极性电容	C1，C2，C3，C4	RAD-0.2	CAP	4
LED	指示灯	D5，D6	LED5-BLUE	LED	2
DC_Socket	电源接线端子	DC1	DC-002	DC_Socket	1
DIP_ECAP	直插电解电容	EC1，EC2	DIP-EC1.5X4X8	DIP_ECAP	2
KF128-2P	排气扇端子	J1	KF128-3.81-2P	KF128-2P	1
MQ-135	燃气传感器	MQ-135	MQ-135	MQ-135	1
RES	电阻	R1，R2，R3，R4，R5	AXIAL0.3	RES	5
LM7805	5V 稳压电源	U1	TO220A	LM7805	1
NE555	555 振荡器	U2	DIP8	NE555	1
RESVR	滑动变阻器	VR1	3362P	RESVR	1

二、核心元器件

1．燃气传感器 MQ-135

MQ-135 外部结构如图 3.2.2 所示。

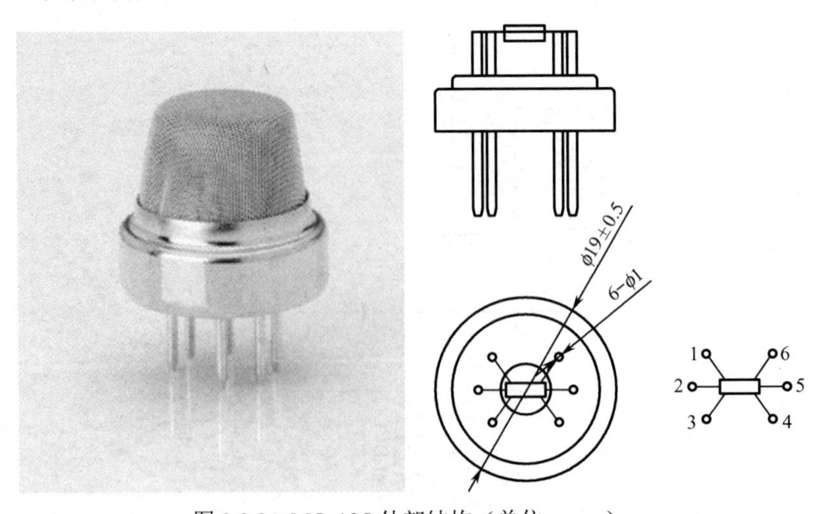

图 3.2.2　MQ-135 外部结构（单位：mm）

根据图 3.2.3 可知，MQ-135 由两部分构成，分别是加热部分、检测部分。根据表 3.2.2 可知，加热电压为 5V，加热电阻为 29Ω±3Ω（室温）。MQ-135 能够对 10～1000ppm 的氨气、甲苯、氢气等相关气体进行检测。

气敏元件在常温下洁净空气中的电阻值，称为气敏元件（电阻型）的固有电阻值，表示为 R_a，测定固有电阻值 R_a 时，要求必须在洁净空气环境中进行。由于经济地理环境的差异，各地区空气中含有的气体成分差别较大，即使对于同一气敏元件，在温度相同的条件下，在不同地区进行测定，其固有电阻值也都将出现差别。

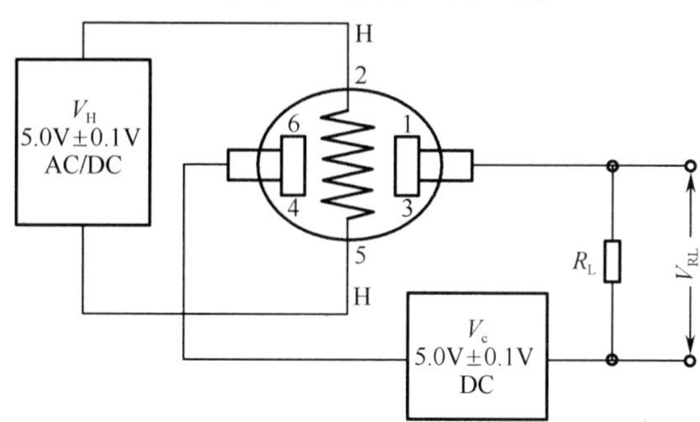

图 3.2.3　MQ-135 的电路示意图

表 3.2.2　MQ-135 的电气特性

产品型号			MQ-135
产品类型			半导体气敏元件
标准封装			胶木、金属罩
检测气体			氨气、硫化物、苯系蒸气
检测浓度			10～1000ppm（氨气、甲苯、氢气）
标准电路条件	回路电压	V_c	≤24V DC
	加热电压	V_H	5.0V±0.1V AC/DC
	负载电阻	R_L	可调
标准测试条件下气敏元件特性	加热电阻	R_H	29Ω±3Ω（室温）
	加热功耗	P_H	≤950mW
	输出电阻	R_s	2～20kΩ（100ppm 氨气）
	灵敏度	S	R_s（空气）/R_s（100ppm 氨气）≥5
	浓度斜率	α	≤0.6（R_{100ppm}/R_{50ppm} 氨气）
标准测试条件	温度、湿度		20℃±2℃；55%±5% RH
	标准测试电路		V_c：5.0V±0.1V V_H：5.0V±0.1V
	预热时间		不少于 48h
氧气含量			21%（不低于 18%，氧气浓度会影响传感器的初始值、灵敏度及重复性，在低氧气浓度下使用时请咨询使用）
寿命			10 年

注：输出电压（V_s）是指在测试气氛中的 V_{RL}。

图 3.2.4（a）中纵坐标为传感器的电阻比值，横坐标为气体浓度。R_s 表示传感器在不同浓度气体中的电阻值，R_o 表示传感器在洁净空气中的电阻值。图 3.2.4 中所有测试都是在标准试验条件下完成的。

图 3.2.4（b）中纵坐标为传感器的电阻比值。R_s 表示在含 400ppm 氢气、不同温/湿度下传感器的电阻值。R_{s0} 表示在 400ppm 氢气、20℃/55% RH 环境条件下传感器的电阻值。

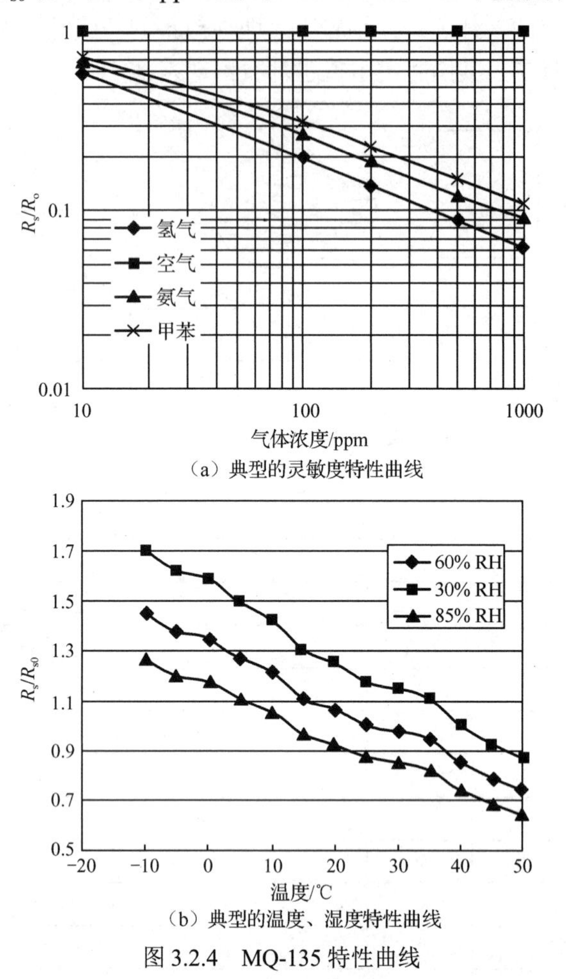

（a）典型的灵敏度特性曲线

（b）典型的温度、湿度特性曲线

图 3.2.4　MQ-135 特性曲线

由图 3.2.5 的敏感特性曲线可以看出，负载 R_L 为 4.7kΩ，图中所有测试都是在标准试验条件下完成的，由曲线可以看出，MQ-135 在较低浓度气体含量中，敏感性较高。

由图 3.2.6 可知，传感器先被放入检测气氛中，然后从该气氛中移走这个过程中传感器的 V_{RL} 值变化情况，其中有 10～20s 的响应时间。

2. 计数器 555

555 是一种集成电路芯片，常被用于定时器、脉冲产生器和振荡电路。555 可被作为电路中的延时器件、触发器或起振元件。555 于 1971 年由西格尼蒂克公司推出，由于其易用性、低廉的价格和良好的可靠性，直至今日仍被广泛应用于电子电路的设计。许多厂家都生产 555 芯片，包括采用双极型晶体管的传统型号和采用 CMOS 设计的型号。

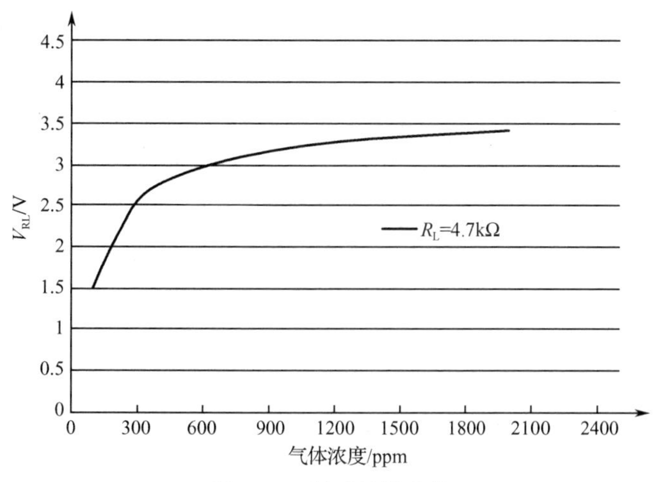

图 3.2.5 敏感特性曲线

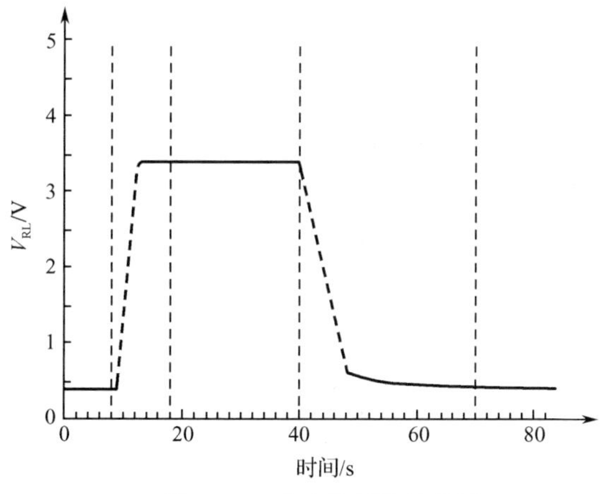

图 3.2.6 响应恢复特性曲线

由图 3.2.7 可知，输入端口由三个电阻构成分压电路，输入的信号经过理想放大器进行放大，放大信号经过 RS 触发器和与非门及非门进行有效触发，各引脚功能如表 3.2.3 所示。

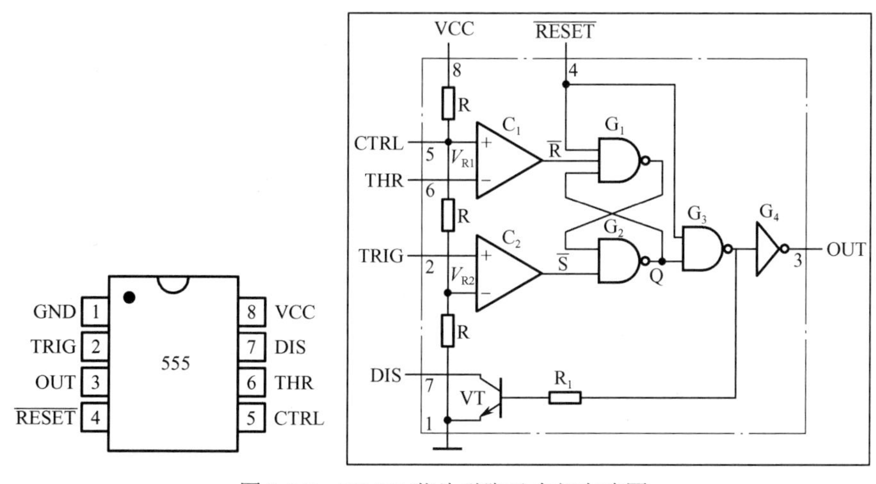

图 3.2.7 NE555 芯片引脚及内部电路图

表 3.2.3　NE555 芯片引脚功能

引　脚	名　称	功　能
1	GND（地）	接地，作为低电平（0V）
2	TRIG（触发）	当此引脚电压降至 1/3VCC（或由控制端决定的阈值电压）时，输出端输出高电平
3	OUT（输出）	输出高电平（VCC）或低电平
4	$\overline{\text{RESET}}$（复位）	当此引脚接高电平时，定时器工作；当此引脚接地时，芯片复位，输出低电平
5	CTRL（控制）	控制芯片的阈值电压（当此引脚接空时，默认两阈值电压分别为 1/3VCC 和 2/3VCC）
6	THR（阈值）	当此引脚电压升至 2/3VCC（或由控制端决定的阈值电压）时，输出端输出低电平
7	DIS（放电）	内接 OC 门，用于给电容放电
8	VCC（供电）	提供高电平并给芯片供电

555 定时器可工作在以下三种工作模式下。

（1）单稳态模式，其电路如图 3.2.8 所示，在此模式下，555 功能为单次触发。应用范围包括定时器、脉冲丢失检测、反弹跳开关、轻触开关、分频器、电容测量、脉冲宽度调制（PWM）等。

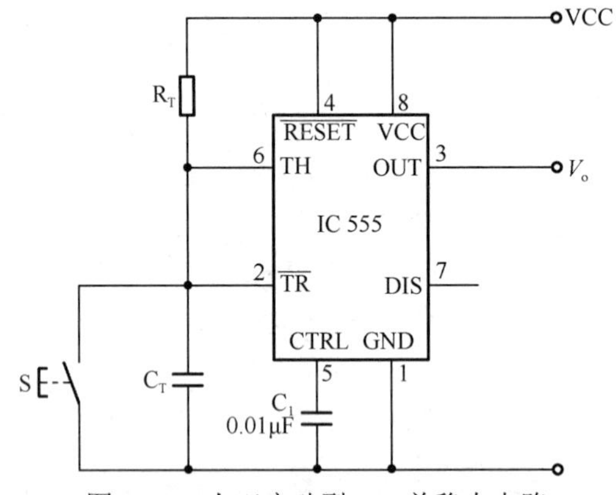

图 3.2.8　人工启动型 555 单稳态电路

（2）无稳态模式，其电路如图 3.2.9 所示，在此模式下，555 以振荡器的方式工作。这一工作模式下的 555 芯片常被用于频闪灯、脉冲发生器、逻辑电路时钟、音调发生器、脉冲位置调制（PPM）等电路中。如果使用热敏电阻作为定时电阻，555 可构成温度传感器，其输出信号的频率由温度决定。

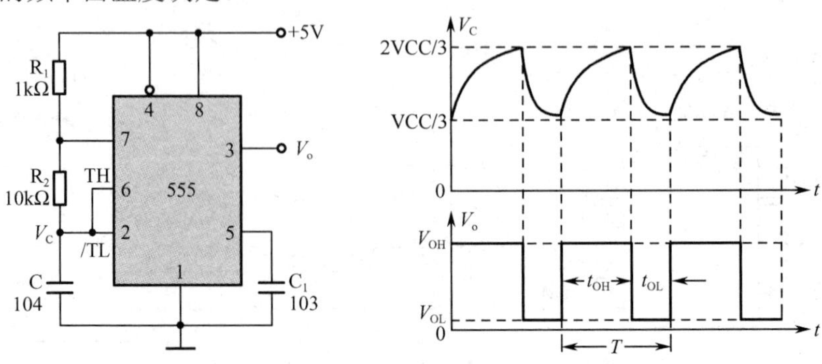

图 3.2.9　无稳态振荡模式

（3）双稳态模式（或称施密特触发器模式），其电路如图 3.2.10 所示，在 DIS 引脚空置且不外接电容的情况下，555 的工作方式类似于一个 RS 触发器，可用于构成锁存开关。

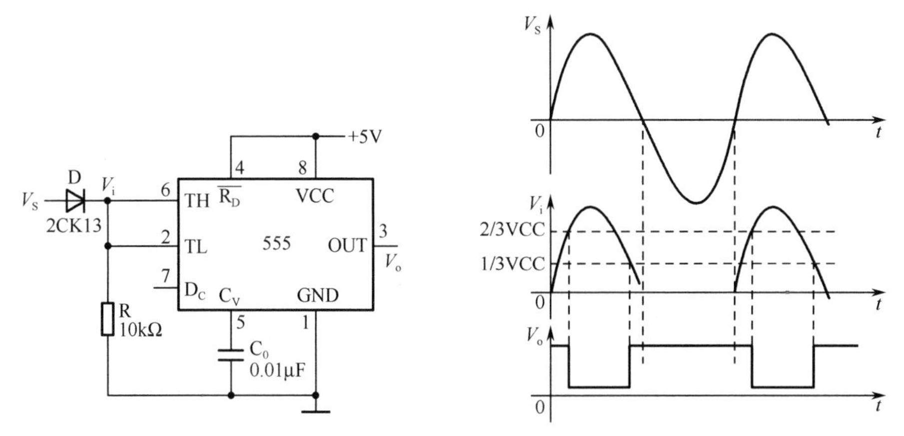

图 3.2.10　双稳态模式的电路

3. 电位器

电位器是具有三个引出端、阻值可按某种变化规律调节的电阻元件。电位器通常由电阻体和可移动的电刷组成。当电刷沿电阻体移动时，在输出端可获得与位移量呈一定关系的阻值或电压，电位器结构示意图如图 3.2.11 所示。电位器既可作三端元件使用，也可作二端元件使用，后者可视作一可变电阻器。

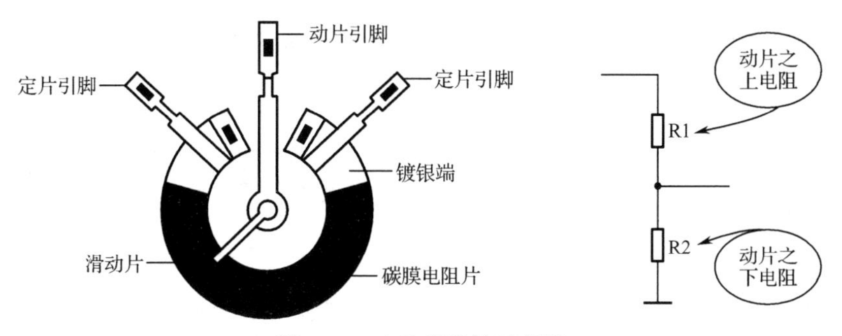

图 3.2.11 电位器结构示意图

对电位器的主要要求：①阻值符合要求；②电刷与电阻体之间接触良好，转动平滑。对带开关的电位器，开关部分应动作准确可靠、灵活。因此在使用前必须检查电位器性能的好坏。

（1）阻值的测量：首先根据被测电位器阻值的大小，选择好万用表的合适电阻挡位，测量一下阻值，即 A、C 两端片之间的电阻值，与标称阻值比较，看二者是否一致。同时旋动滑动触头，其值应固定不变。如果阻值无穷大，则此电位器已损坏。

（2）然后测量其动片引脚与电阻体的接触情况，即 B、C 两端之间的阻值。方法是将万用表的欧姆挡调在适当量程，在测量过程中，慢慢旋转转轴，注意观察万用表的读数。正常情况下，读数平稳地朝一个方向变化，若出现跳动、跌落或不通等现象，则说明活动触点有接触不良的故障。

（3）当电刷滑到首端或末端时，理想状态下的阻值为 0，在实际测量中，会有一定的残留值（视标称而定，一般小于 5Ω），属正常现象。

电位器的形状十分丰富，如图 3.2.12 所示，根据不同的应用场景和参数可以选择不同的电位器。

碳膜可调电阻 更多>>

碳膜可调电阻RM065-V1

碳膜可调电阻RM065-V5

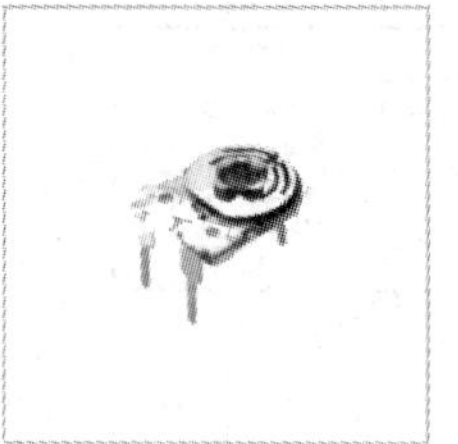
碳膜可调电阻RM085X-V1

碳膜可调电阻RM085C-V1带帽

精密电位器

精密电位器JML3296W

精密电位器JML3590S-2

精密电位器JML3386PM

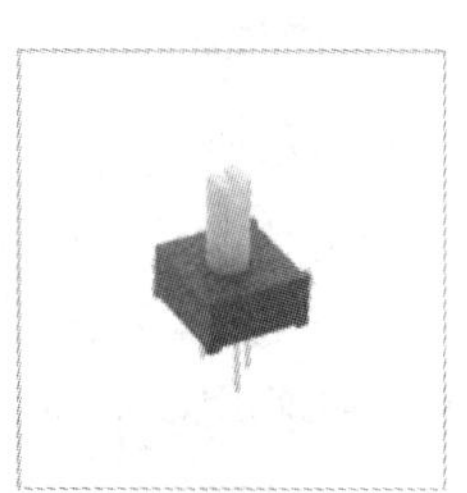
精密电位器JML3386PL

电位器系列RV9110NS

电位器系列RV9110G0

电位器系列RV1242G0

电位器系列RV9E12NM

电位器系列H-22

电位器系列铁柄电位器

电位器系列铁柄电位器

电位器系列RJ16-298-B103

图 3.2.12 常用电位器封装类型

三、焊接注意事项

在焊接元器件时，要注意合理布局，先焊接小元器件，后焊接大元器件，防止小元器件插接后掉下来的现象。焊接完成后先自查元器件焊接的质量。观察焊接引脚的正确性，若有问题，修改完成，确认无误后，通电测试。

如果电路焊接正确，通电后，可以通过调节 R_P 电阻器的值，实现合适的气体浓度参数控制。

四、电路的布局及测试

根据图 3.2.1、图 3.2.13 和表 3.2.1，进行电路的焊接和测试，最终效果图应该如图 3.2.14 所示。

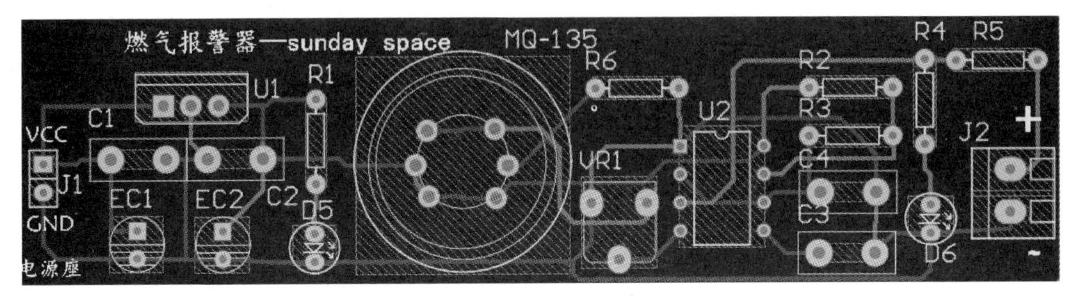

图 3.2.13　燃气报警器电路接线图

图 3.2.14　燃气报警器焊接效果图

焊接的时候，采用“从左向右，逐步焊接，逐步测试”原则。首先焊接 LM7805 电源部分和电源指示灯，接通电源后，电源指示灯点亮，说明电源无问题。接着焊接 MQ-135 和 NE555，改变气体传感器周围的浓度值，报警指示灯出现亮灭的变化，调整 VR1，能够调整浓度设定值。然后焊接接口和负载电路，进行相关测试。

注意事项如下。

（1）要注意安全用电。

（2）气体浓度检测前需要一个稳定时间。

任务考核 ◎

独立完成任务的制作。

创新型项目　酒精浓度检测仪的设计与制作

> ➢ **项目描述**：将气体传感器与单片机相结合，构建一个智能控制系统，实现多种逻辑控制模式，并将其应用到日常的控制技术中，提高工业、民用的智能化水平。
> ➢ **知识要点**：了解气体量的检测方法；
> 掌握 MQ-3 的工作原理。
> ➢ **技能要点**：掌握气体量控制系统编程方法；
> 能够实现气体量自动控制系统的创新设计。

任务描述

传感器与单片机相结合能够极大地拓展传感器的应用领域，在生产生活领域有着极大的应用前景。通过酒精浓度检测仪获取酒精浓度，将这个值与设定参数进行比较，当超出设定范围时，实现蜂鸣器报警和指示灯显示。同时，为了便于观察，能够在液晶屏上显示相关参数的检测值。

任务要求

（1）选择合适的气体传感器模块实现与单片机的连接；

（2）能够设定气体浓度极限，实现蜂鸣器报警及指示灯指示；

（3）编程模块化程序，能够实现控制报警功能。

任务分析

酒精浓度检测仪主要功能模块由气体传感器模块 MQ-3 构成的检测电路、单片机 STC89C51 构成的控制系统、有源蜂鸣器和 LCD1602 液晶屏构成的显示和报警电路组成，如图 3.3.1 所示。主要实现的功能如下。

（1）具有检测酒精浓度的能力。

（2）可以大概判断出酒精的浓度，并通过 LCD1602 液晶屏显示出酒精浓度。

（3）具有超出提示功能，可以通过程序设定一个阈值，当酒精浓度超过这个阈值时，蜂鸣器报警。

要求该酒精浓度检测仪能显示 0.05～0.75mg/L 的酒精浓度，系统误差不超过 0.05mg/L，对应于人体血液中酒精浓度 110～1650mg/L。

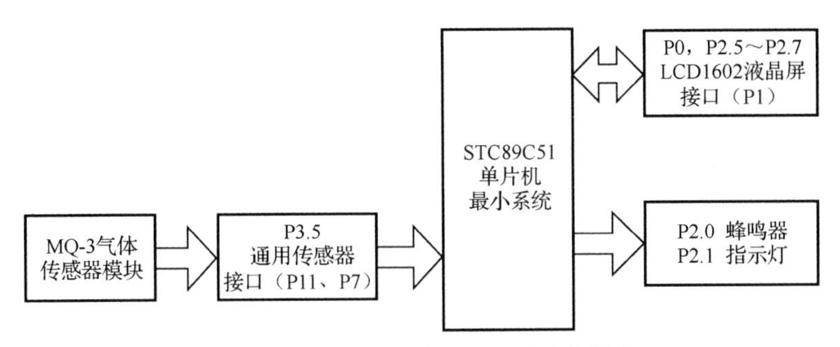

图 3.3.1　酒精浓度检测仪主要功能模块

51 单片机的控制程序采用 C 语言编写，流程图如图 3.3.2 所示。首先，对 LCD1602 液晶屏、按键、蜂鸣器、指示灯、通用传感器接口进行初始化，保证相关设备处于初始状态。接着根据测量值与预设值进行对比，如果测量值大于预设值，则蜂鸣器发出报警声音，同时 LCD 显示提示；延时一段时间后，再进行检测、判断。

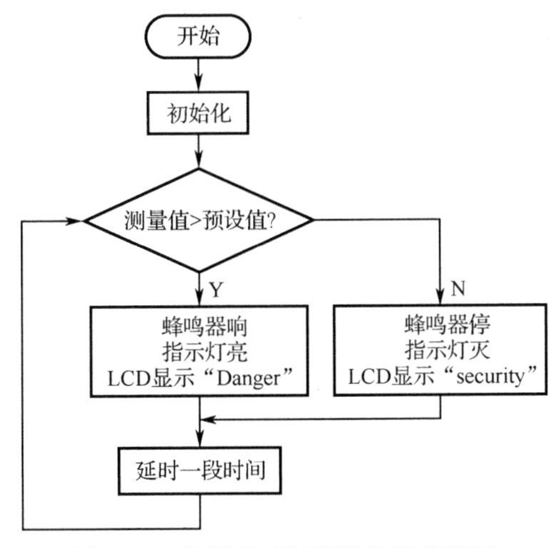

图 3.3.2　酒精浓度检测仪程序流程图

任务实施

一、模块测试分析

1．传感器模块的焊接与测试

MQ-3 气体传感器模块电路图如图 3.3.3 所示，该传感器模块主要采用 LM393、MQ-3，工作电压为 5V，具有信号指示灯，根据 TTL 电平指示工作状态，双路信号输出（模拟量输出及 TTL 电平输出），其中 TTL 输出有效信号为低电平。模拟量输出 0～5V 电压，气体浓度越高，电压越高。对酒精蒸气具有很高的灵敏度和良好的选择性。焊接的时候，需要注意气体传感器的引脚，选择加热电阻一定要慎重，根据 datasheet 进行参数整定，最终效果如图 3.3.4 所示。

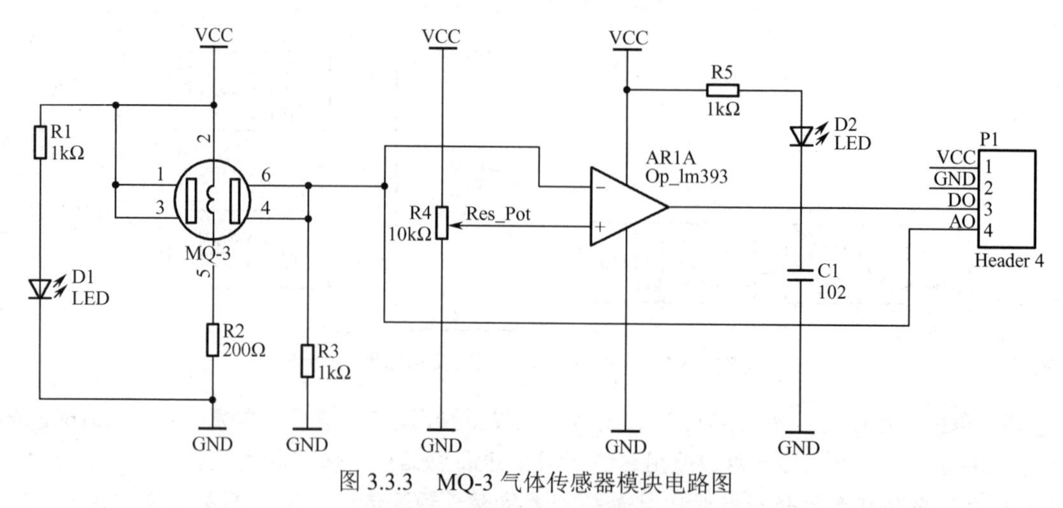

图 3.3.3　MQ-3 气体传感器模块电路图

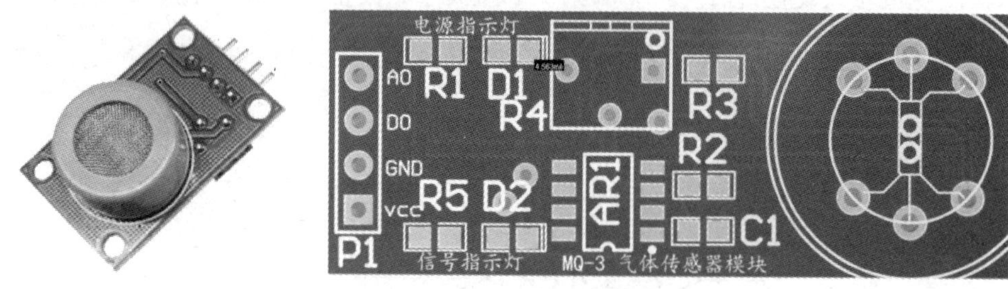

图 3.3.4　MQ-3 气体传感器模块

2. MQ-3 特性分析

MQ-3 的基本原理是将探测到的酒精浓度转换成有用电信号，并根据这些电信号的强弱获得与待测气体在环境中的存在情况有关的信息。

MQ-3 由微型氧化铝陶瓷管、氧化锌敏感层、测量引脚电极和温度加热器组成。敏感元件固定在塑料或不锈钢制成的腔体内，加热器为气敏元件提供了必要的工作条件。封装好的气敏元件有 6 个引脚输出，其中 4 个用于信号的取出，2 个用于提供加热的电流。MQ-3 的外观和相应的结构形式如图 3.3.5 所示。

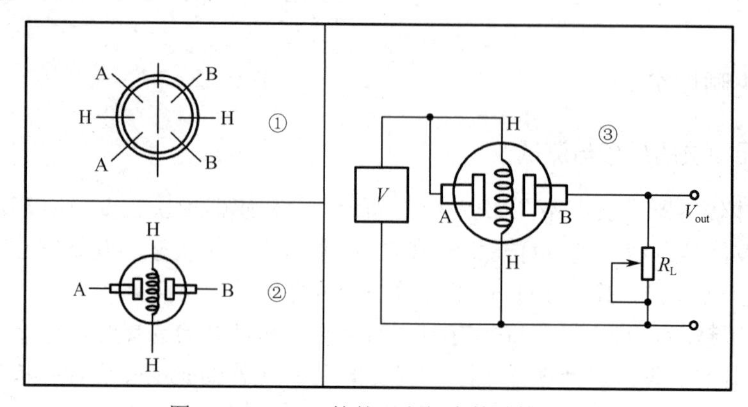

图 3.3.5　MQ-3 的外观和相应的结构形式

图 3.3.5 中，①、②、③分别表示 MQ-3 的引脚排列图、引脚功能图、使用接线图。其

中，H-H 表示加热极（5V），A-B 表示气敏元件的检测极，图③中的“V”为传感器的工作电压，同时也是加热的电压。

在工作时，MQ-3 的加热电压选取交流或直流 5V 均可。当 MQ-3 受热后，加温室环境中的可燃气体浓度迅速增大，传感器的内阻阻值将会迅速降低，利用该特性并结合电路分析中的分压原理，分析便得知 V_{out} 的值将逐渐增大，当超过预设定的阈值时，可产生相应的操作。经过处理后检测信号由电阻值转变成电压值，可用于后续电路进行 A/D 转换和处理。

MQ-3 的标准回路由两部分组成：一部分为加热回路，另一部分为信号输出回路，它可以准确反映传感器表面的电阻值变化。传感器表面电阻 R_s 的变化，是通过与其串联的负载电阻 R_L 上的有效电压信号 U_{RL} 输出获得的。二者之间的关系可表述为

$$R_s/R_L=(V-U_{RL})/V_{R1}$$

式中，V 为外加电压，一般为 10V，负载电阻 R_L 可调为 0.5～200kΩ。加热电压一般为 5V。

MQ-3 的电阻值变化率与酒精浓度、外界温度的关系密切，为了使测量的酒精浓度最高，误差最小，需要找到合适的温度，一般在测量前需将传感器预热 5min。预热后半导体颗粒表面的吸附可导致材料载流子浓度发生相应变化，从而改变电导率，使传感器输出电压信号发生改变来反映浓度变化。MQ-3 电气特性如表 3.3.1 所示。

表 3.3.1　电气特性

产品型号			MQ-3
产品类型			半导体气敏元件
标准封装			胶木（黑胶木）
检测气体			酒精蒸气
检测浓度			0.04～4mg/L 酒精
标准电路条件	回路电压	V_c	≤24V DC
	加热电压	V_H	5.0V±0.2V AC/DC
	负载电阻	R_L	可调
标准测试条件下气敏元件特性	加热电阻	R_H	31Ω±3Ω
	加热功率	P_H	≤900mW
	敏感体表面电阻	R_s	2～20kΩ（0.4mg/L 酒精）
	灵敏度	S	R_s（空气）/R_s（0.4mg/L 酒精）≥5
	浓度斜率	α	≤0.6（R_{300ppm}/R_{100ppm} 酒精）
标准测试条件	温度、湿度		20℃±2℃，65%±5% RH
	标准测试电路		V_c：5.0V ± 0.1V
	预热时间		不少于 48h

图 3.3.6 给出了 MQ-3 的灵敏度特性，图中温度为 20℃，相对湿度为 65%，氧气浓度为 21%，R_L 为 200kΩ，R_s 为 MQ-3 在不同气体、不同浓度下的电阻值。R_o 为 MQ-3 在洁净空气中的电阻值。通过实际测量可知，MQ-3 模拟端的输出信号与酒精浓度特性曲线近似为线性。

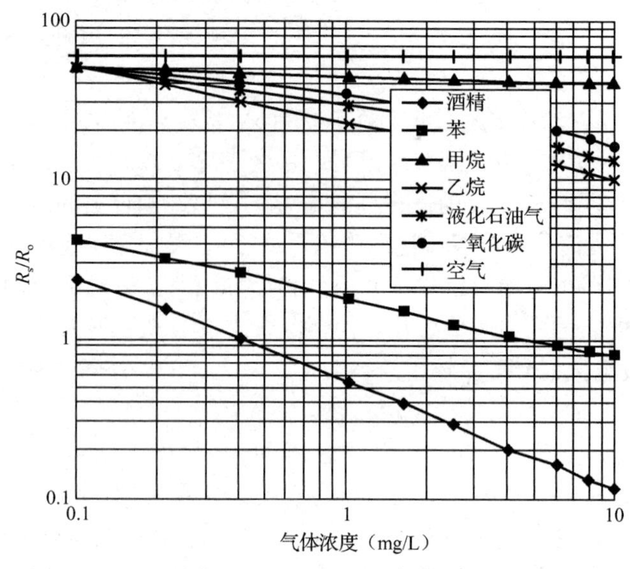

图 3.3.6　MQ-3 灵敏度曲线

图 3.3.7 给出了 MQ-3 的温、湿度特性曲线。R_o 为 20℃，33% RH 条件下，200ppm 的酒精蒸气中的传感器的电阻值。R_s 为不同温度、湿度下，200ppm 的酒精蒸气中的传感器的电阻值。

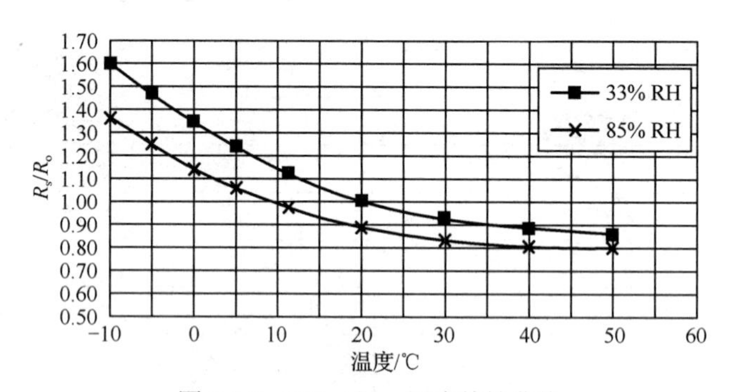

图 3.3.7　MQ-3 温、湿度特性曲线

MQ-3 对不同种类、不同浓度的气体有不同的电阻值。因此，在使用此类型的气体传感器时，灵敏度的调整是很重要的。建议使用 200ppm 的酒精蒸气校准传感器。当精确测量时，报警点的设定应考虑温、湿度的影响。

二、电路与编程

1．硬件焊接

硬件按照图 3.3.8（a）～（c）的顺序焊接。

① 将 MQ-3 酒精传感器和四脚弯针焊接到酒精传感器模块上。

② 将酒精传感器模块直接连接到开发板的通用传感器接口 P11，或者采用排线将酒精传感器模块与开发板 P7 接口相连。

③ 接通电源。

④ 按下按键 S3。

⑤ 屏幕显示环境酒精浓度。

⑥ 增加环境酒精浓度，当环境酒精浓度超过预设值时，指示灯点亮，蜂鸣器报警。

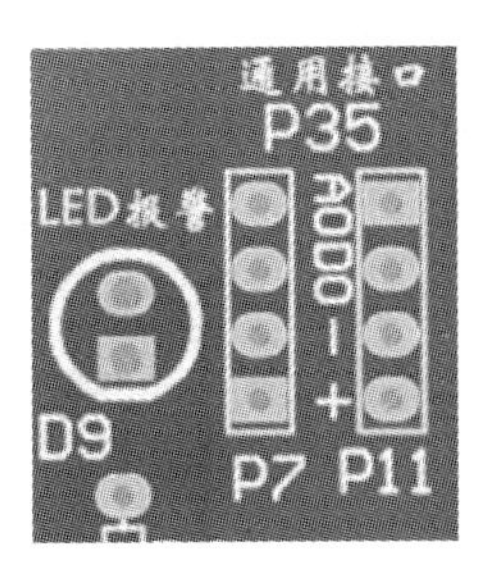

（a）通用传感器接口

（b）按键 S3

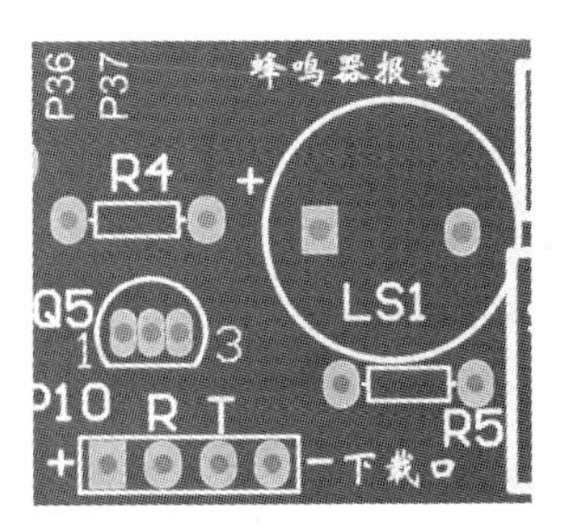

（c）蜂鸣器和指示灯电路

图 3.3.8　酒精浓度检测仪硬件焊接示意图

图 3.3.8（a）为通用传感器接口（P11、P7），直接连接到单片机 P3.5 引脚。图 3.3.8（b）为按键 S3，在内部完整程序中，通过该按键可实现气敏传感器模块的信号检查与控制。图 3.3.8（c）为蜂鸣器和指示灯电路，通过程序加以控制。酒精浓度检测仪焊接效果图如图 3.3.9 所示。

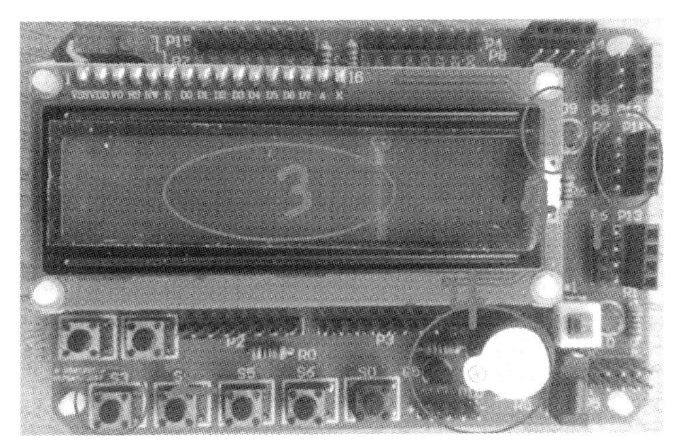

图 3.3.9　酒精浓度检测仪焊接效果图

2. 软件编程

```
/*******************************************************************************
* 文件名：气体量的检测与控制——MQ-3 酒精传感器                    *
* 描　述：实现酒精浓度的检测与控制                                         *
* 创建人：天之苍狼，2018 年 9 月 1 日
* 版本号：SHD_JY_ 1.06
* 技术支持论坛：六安市双达电子科技有限公司、六安职业技术学院
********************************************************************************
*  1. 通过本例程了解 MQ-3 酒精传感器的工作原理，了解气体量检测方法
*  2. 了解掌握比较放大器的工作原理及对开关量的一般编程方法
*      ①将 MQ-3 酒精传感器和四脚弯针焊接到酒精传感器模块上
*      ②将酒精传感器模块直接连接到开发板的通用传感器接口 P11，或者采用排线将酒精传感器模
```

```
        块与开发板 P7 接口相连
*       ③接通电源
*       ④按下按键 S3
*       ⑤屏幕显示环境酒精浓度
*       ⑥增加环境酒精浓度，当环境酒精温度超过预设值时，指示灯点亮，蜂鸣器报警
*  P0 口+ P2.5，P2.6，P2.7 为液晶 LCD1602 驱动引脚，P2.0 为蜂鸣器报警电路驱动引脚
*  P2.1 为 LED 报警电路驱动引脚，P3.5 引脚连接通用传感器接口（P11、P7）
* 注意：晶振频率为 12.000MHz，其他频率需要自己换算延时数值
*************************************************************************/

#include<reg51.h>
#include<intrins.h>
#include"lcd1602.h"

sbit Alcohol = P3^5;
sbit Warn_LED = P2^1;
sbit Warn_Buzzer = P2^0;

/*****************************************************
函数功能：延时 1ms
(3j+2)*i=(3×33+2)×10=1010（μs），可以认为是 1ms
*****************************************************/
void delay1ms()
{
    unsigned char i,j;
    for(i=0;i<4;i++)
    for(j=0;j<33;j++);
}

/*****************************************************
函数功能：延时若干毫秒
入口参数：n
*****************************************************/
void delaynms(unsigned char n)
{
    unsigned char i;
    for(i=0;i<n;i++)
    delay1ms();
}

/*****************************************************
函数功能：主函数
*****************************************************/
void main(void)
{
    L1602_init();
```

```
    L1602_string(1,1," Test by    Alcohol) ");
    L1602_string(2,1,"Surround:              ");
    delaynms(100);
    while(1)                                    //不断检测并显示温度
    {
        if(Alcohol==0)                          //酒精浓度高于预设值
        {
            delaynms(100);
            L1602_string(2,11,"Danger");
            Warn_LED = 0;
            Warn_Buzzer = 0;
        }
        else                                    //酒精浓度低于预设值
            L1602_string(2,11,"security ");
            delaynms(100);
            Warn_LED = 1;
            Warn_Buzzer = 1;
            delaynms(100);
    }
}
```

3．注意事项

（1）气敏传感器模块可通过独立测试，可调节模块上面的变阻器改变相关值。

（2）确保电路焊接无虚焊、短路等现象。

（3）将传感器与控制器的引脚连接合适。

任务考核

独立完成任务的制作。

教学情境四

磁学量的检测与处理

共享单车推动了绿色出行，校园内出现了大量的自行车，当一群学生骑着自行车在校园内游玩的时候，我们想，如果想计算自行车行驶的里程，能否设计一款比较简单的控制系统，采用一种传感器对路程参数进行检测，然后用液晶屏显示出来。于是，同学们就开始了设计，为自己的自行车装上一个能够记录里程的系统……

引导型项目　认识磁学量传感器

> ➢ 项目描述：通过网络搜索磁学量传感器，了解相关传感器的性能、价格、应用领域；
> 通过对常用磁学量传感器的认知，能够熟练使用各类磁学量传感器。
> ➢ 知识要点：了解磁学量传感器的基本原理及分类；
> 掌握霍尔传感器、电流传感器、接近开关的结构及特性。
> ➢ 技能要点：能根据测量对象选用合适的磁学量传感器；
> 会分析常见的磁学量传感器电路；
> 会使用霍尔传感器进行测量。

✧ **任务 1 熟悉常用磁学量传感器**

任务描述 ◎

通过网络查找主流的磁学量传感器，了解其用途、型号、价格，并通过线上资源了解各类传感器的工作原理。

✧ **任务 2 磁学量传感器的标定**

任务描述 ◎

利用 THSRZ-1 传感器实训台进行磁学量传感器的标定，为后续的传感器电路的设计与制作打下坚实的基础。

任务 1　熟悉常用磁学量传感器

任务描述 ◎

通过网络查找主流的磁学量传感器，了解其用途、型号、价格，并通过线上资源了解各类传感器的工作原理。

任务要求 ◎

（1）能够识别主要的磁学量传感器；
（2）了解磁学量传感器的工作原理；
（3）能够根据需要选择合适的磁学量传感器。

任务分析

（1）通过网络大体了解磁学量传感器的类型；
（2）搜索相关厂家的官方网站，下载传感器的说明书；
（3）根据说明书，掌握传感器的参数及用法。

任务实施

一、主要的磁学量传感器及其参数

1．41F 双极性霍尔元件传感器

41F 双极性霍尔元件传感器通常在南极磁场强度足够的情况下打开，并在北极磁场强度足够的情况下关闭，但如果磁场被移除，则是随机输出的，有可能是打开的，也有可能是关闭的。41F 双极性霍尔元件传感器如图 4.1.1 所示。

图 4.1.1　41F 双极性霍尔元件传感器

2．HBC-LSP 系列单电源霍尔电流传感器

HBC-LSP 系列单电源霍尔电流传感器是应用霍尔效应原理开发的闭环霍尔电流传感器，能在电隔离条件下测量直流、交流、脉冲及各种不规则波形的电流。HBC-LSP 系列单电源霍尔电流传感器如图 4.1.2 所示。

图 4.1.2　HBC-LSP 系列单电源霍尔电流传感器

3．LJ18A3-8-J 欧达接近感应开关传感器

LJ18A3-8-J 欧达接近感应开关传感器是一种内含霍尔集成电路的接近传感器，利用霍尔效应将磁信号的有无转换成开关量，广泛应用于信号检测、自动控制、安全保护等领域。LJ18A3-8-J 欧达接近感应开关传感器如图 4.1.3 所示，具有直径 18mm 金属外壳，检测距离为 8mm，属于交流常开型磁场传感器。

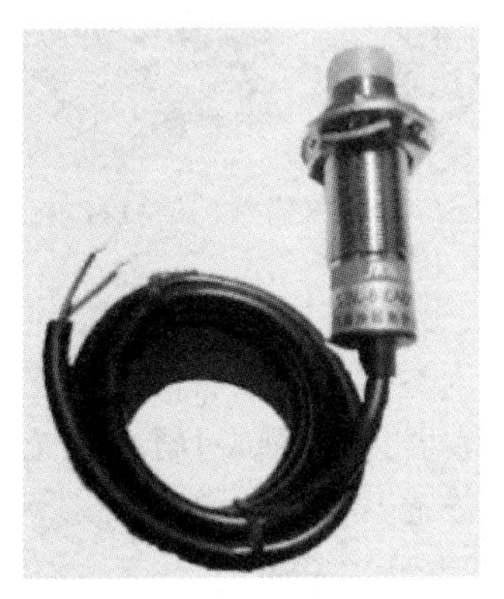

图 4.1.3　LJ18A3-8-J 欧达接近感应开关传感器

4．HMC5883L 电子罗盘传感器

HMC5883L 电子罗盘传感器是一种表面贴装的高集成模块，并带有数字接口的弱磁传感器芯片，应用于低成本罗盘和磁场检测领域。HMC5883L 电子罗盘传感器包括先进的高分辨率 HMC118X 系列磁阻传感器，并附带霍尼韦尔专利的集成电路（包括放大器、自动消磁驱动器、偏差校准、能使罗盘精度控制在 1°～2°的 12 位 A/D 转换器）。HMC5883L 电子罗盘传感器如图 4.1.4 所示。

图 4.1.4　HMC5883L 电子罗盘传感器

5．MC-18 有线门磁报警器传感器

MC-18 有线门磁报警器传感器主要由开关组立和磁铁组立两部分组成，开关组立部分由磁簧开关经引线连接，弹簧用环氧树脂定型封装而成，可很好地起到防水、防潮与防尘作用；磁铁组立部分由对应的磁场强度的磁铁封装于塑胶或合金壳体内，再封装环氧树脂固定。当两部分分开或靠近至一定距离后，引起开关的开断从而感应物体移动位置的变化，输出开关信号。MC-18 有线门磁报警器传感器如图 4.1.5 所示。

图 4.1.5　MC-18 有线门磁报警器传感器

6．工字电磁传感器模块

工字电磁传感器模块是专门为参加电磁组智能车比赛的同学设计的电磁传感器模块，可以用来采集电磁跑道信号，放大器件采用轨对轨运放 LMV358，通过调节模块上的电位计可以调节放大倍数。工字电磁传感器模块如图 4.1.6 所示。

图 4.1.6　工字电磁传感器模块

7．YF-S201 水流量霍尔传感器

YF-S201 水流量霍尔传感器主要由塑料阀体、水流转子组件和霍尔传感器三部分组成。它装在热水器进水端，用于检测进水流量，当水通过水流转子组件时，磁性转子转动并且转速随着水流量变化而变化，霍尔传感器输出相应脉冲信号，反馈给控制器，控制器判断水流量的大小，进行调控。YF-S201 水流量霍尔传感器如图 4.1.7 所示。

图 4.1.7　YF-S201 水流量霍尔传感器

8．XGS16N 型磁导航传感器

磁道导航式无人驾驶的 AGV 小车在铺设磁条的轨道上行驶，XGS16N 型磁导航传感器向小车控制器输入小车偏离磁轨道的电压信号，它安装在小车的车体下部，离磁轨道表面 5～30mm，磁轨道宽为 50mm，厚度为 2～3mm，磁导航传感器感应磁轨道磁场强弱得到小车与磁轨道的偏移量，再经信号处理器处理后输出与偏移量成比例的模拟电压信号。小车控制器接收到该信号后就会自动做出调整，确保小车沿磁轨道行进。XGS16N 型磁导航传感器如图 4.1.8 所示。

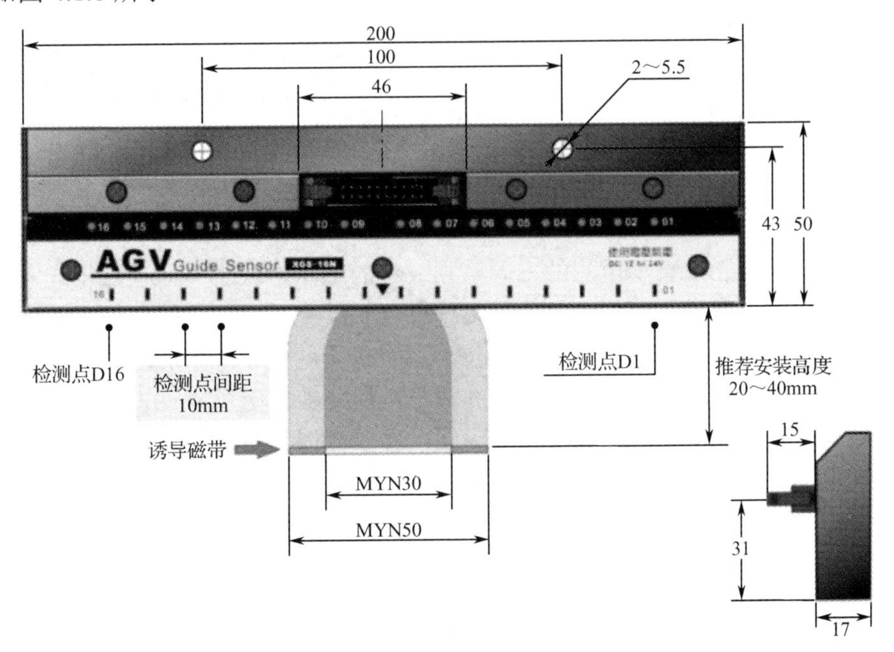

图 4.1.8　XGS16N 型磁导航传感器（单位：mm）

二、磁学量传感器的工作原理

1．霍尔效应

位于磁场中的静止载流导体，当其电流 I 的方向与磁场强度 H 的方向之间有夹角 a 时，则在载流导体中 H、I 的两侧面之间将产生电动势，这一物理现象称为霍尔效应。

如图 4.1.9 所示，把一块长为 l，宽为 b，厚度为 d 的 N 型半导体置于磁感应强度为 B 的外磁场中，当半导体中通以电流 I_C 时，半导体中的自由电荷（电子）受到磁场中洛仑兹力 F_L 和电场力 F_E 的作用，在动态平衡时，$F_L = F_E$，则有电势：

$$U_H = -\frac{I_C B}{nq_0 d} = R_H \frac{I_C B}{d} = K_H I_C B$$

式中，$R_H = -\frac{1}{nq_0}$，R_H 为霍尔系数（m^3/C）；$K_H = \frac{R_H}{d}$，K_H 为霍尔元件的灵敏系数（V/A·T）。

该电势称为霍尔电势。霍尔电势与激励电流和元件所在位置的磁感应强度的乘积成正比。

2．磁阻效应

磁性材料（如坡莫合金）具有各向异性，对它进行磁化时，其磁化方向将取决于材料的易磁化轴、材料的形状和磁化磁场的方向。如图 4.1.10 所示，当给带状坡莫合金材料通电流 I 时，材料的电阻取决于电流方向（i）与磁化方向（M）的夹角。如果给材料施加一个磁场 B（被测磁场），就会使原来的磁化方向转动。

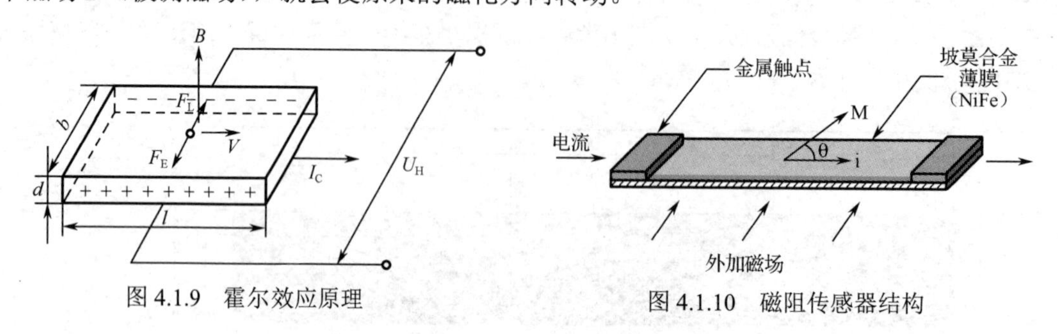

图 4.1.9　霍尔效应原理　　　图 4.1.10　磁阻传感器结构

如果磁化方向转向垂直于电流的方向，则材料的电阻将减小；如果磁化方向转向平行于电流的方向，则材料的电阻将增大。磁阻传感器一般由四个这样的电阻组成，并将它们接成电桥。在被测磁场 B 作用下，电桥中位于相对位置的两个电阻的阻值增大，另外两个电阻的阻值减小。在其线性范围内，电桥的输出电压与被测磁场成正比。磁阻传感器已经能制作在硅片上，并形成产品。其灵敏度和线性度已经能满足磁罗盘的要求，各方面的性能明显优于霍尔元件。

3．霍尔传感器

根据霍尔效应，人们用半导体材料制成的元件叫作霍尔元件。它具有对磁场敏感、结构简单、体积小、输出电压变化大和使用寿命长等优点，因此，在测量、自动化、计算机和信息技术等领域得到广泛的应用。由于霍尔元件产生的电势差很小，因此通常将霍尔元件与放大器电路、温度补偿电路及稳压电源电路等集成在一个芯片上，称之为霍尔传感器，其结构如图 4.1.11 所示。

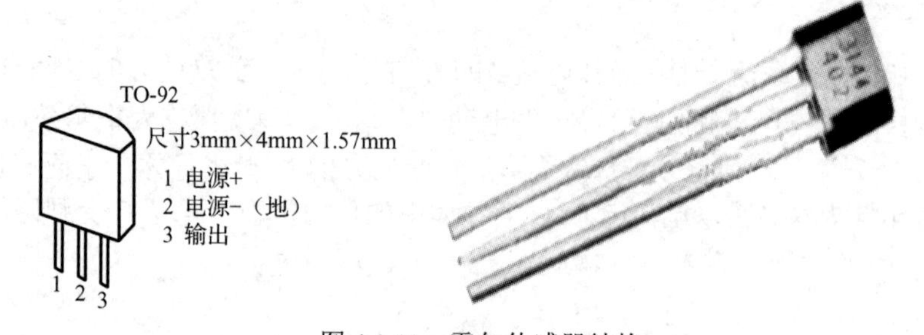

图 4.1.11　霍尔传感器结构

霍尔传感器分为线性型霍尔传感器和开关型霍尔传感器两种。

（1）线性型霍尔传感器由霍尔元件、线性放大器和射极跟随器组成，输出模拟量。

（2）开关型霍尔传感器由稳压器、霍尔元件、差分放大器、斯密特触发器和输出级组成，输出数字量。

由图 4.1.12 可知，线性型霍尔传感器的输出电压与外加磁场强度呈线性关系，在 B_1～B_2 的磁感应强度范围内有较好的线性度，磁感应强度超出此范围后则呈现饱和状态。

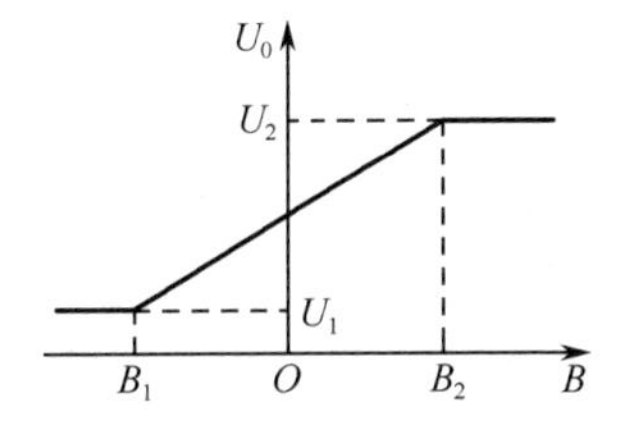

图 4.1.12　线性型霍尔传感器的特性

如图 4.1.13 所示，B_{OP} 为工作点“on”的磁感应强度，B_{RP} 为释放点“off”的磁感应强度。当外加的磁感应强度超过工作点 B_{OP} 时，传感器输出低电平，当磁感应强度降到工作点 B_{OP} 以下时，传感器输出电平不变，一直要降到释放点 B_{RP} 时，传感器才由低电平变为高电平。B_{OP} 与 B_{RP} 之间的滞后使开关动作更为可靠。

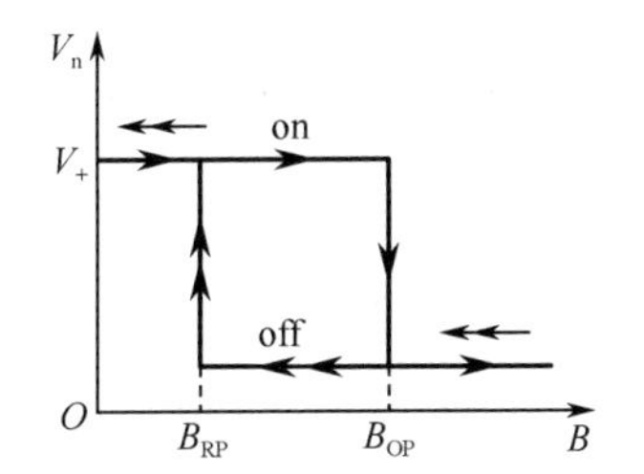

图 4.1.13　开关型霍尔传感器的特性

另外还有一种“锁键型”（或称“锁存型”）开关型霍尔传感器，其特性如图 4.1.14 所示。当磁感应强度超过工作点 B_{OP} 时，传感器输出由高电平变为低电平，而在外磁场撤销后，其输出状态保持不变（锁存状态），必须施加反向磁感应强度，当其达到 B_{RP} 时，才能使电平产生变化。

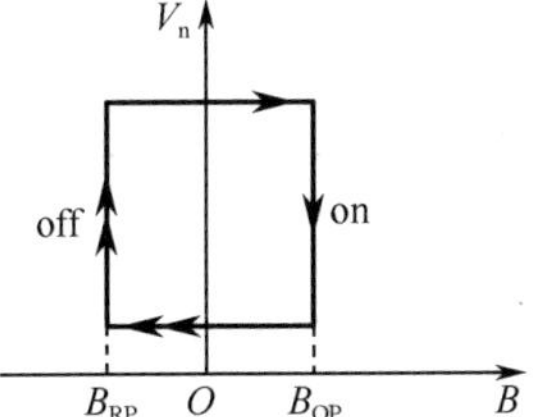

图 4.1.14　“锁键型”开关型霍尔传感器

4．电子罗盘传感器

HMC5883L 采用霍尼韦尔各向异性磁阻（AMR）技术，该技术的优点是其他磁传感器技术所无法企及的，HMC5883L 外形如图 4.1.15 所示。各向异性传感器具有轴向高灵敏度和线性高精度的特点。电子罗盘传感器具有对正交轴低灵敏度的固相结构，能用于测量地球磁场的方向和大小，其测量范围为-8～8Gs。电子罗盘传感器在低磁场传感器中是灵敏度最高和可靠性最好的传感器。

HMC5883L 的引脚如图 4.1.16 所示，其在正常测量模式下产生可被读取的正向磁场信号。HMC5883L 芯片引脚功能描述如表 4.1.1 所示。

图 4.1.15 HMC5883L 外形

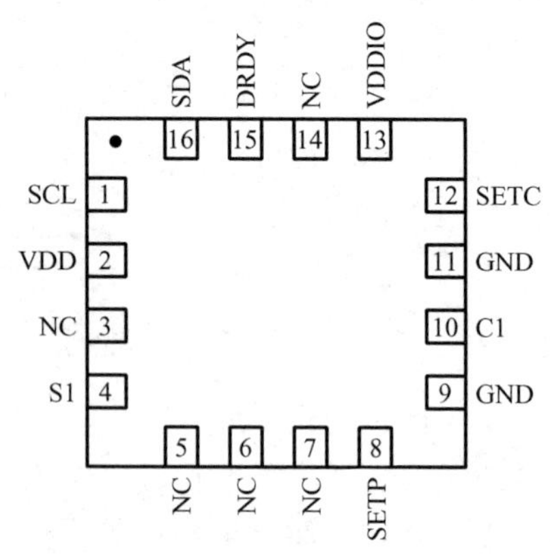

图 4.1.16 HMC5883L 的引脚

表 4.1.1 HMC5883L 芯片引脚功能描述

引 脚	名 称	描 述
1	SCL	串行时钟=I^2C 总线主/从时钟
2	VDD	电源（2.16～3.6V）
3	NC	无连接
4	S1	连接 VDDIO
5	NC	无连接
6	NC	无连接
7	NC	无连接
8	SETP	置位/复位带正-S/R 电容（C2）连接
9	GND	电源接地
10	C1	存储电容器（C1）连接
11	GND	电源接地
12	SETC	S/R 电容器（C2）连接驱动端
13	VDDIO	IO 电源供应（1.7V～VDD）
14	NC	无连接
15	DRDY	数据准备，中断引脚。内部被拉高
16	SDA	串行数据 I^2C 总线主/从数据

霍尼韦尔 HMC5883L 属于磁阻传感器一种，通过特殊辅助电路来测量磁场。通过施加供电电源，传感器可以将测量轴方向上的任何入射磁场转变成一种差分电压输出。

为了检测 HMC5883L 是否正常运行，传感器内部可产生标准磁场，然后进行自测试（不论是正向配置还是负向配置），通过测量此标准磁场强度，输出电压确定传感器的性能。

三、拓展阅读

1. 磁场类型

（1）恒定磁场：磁场强度和方向保持不变的磁场称为恒定磁场或恒磁场，如铁磁片和通以直流电的电磁铁所产生的磁场。

（2）交变磁场：磁场强度和方向在规律变化的磁场，如工频磁疗机和异极旋转磁疗器产生的磁场。

（3）脉动磁场：磁场强度有规律变化而磁场方向不发生变化的磁场，如同极旋转磁疗器通过脉动直流电磁铁产生的磁场。

（4）脉冲磁场：用间歇振荡器产生间歇脉冲电流，将这种电流通入电磁铁的线圈即可产生各种形状的脉冲磁场。脉冲磁场的特点是间歇式出现磁场，磁场的变化频率、波形和峰值可根据需要进行调节。

恒定磁场属于静磁场，而交变磁场、脉动磁场和脉冲磁场属于动磁场。磁场的空间各处的磁场强度相等或大致相等，称为均匀磁场，否则就称为非均匀磁场。地球空间就如同一个大的磁场，计算机模拟效果如图 4.1.17 所示。

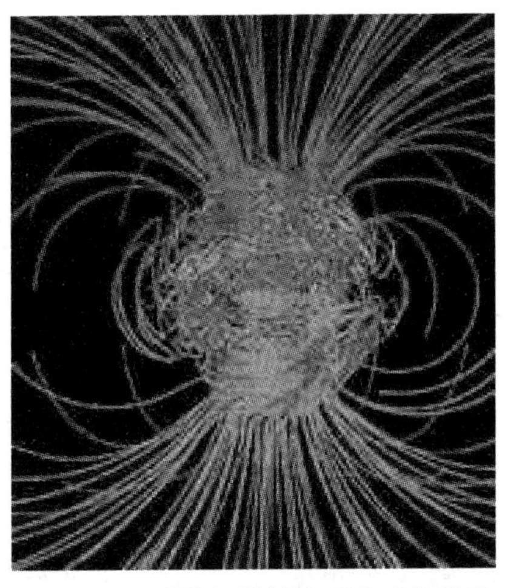

图 4.1.17　计算机模拟演示地球的磁场

2. 磁场方向

规定小磁针的北极在磁场中某点所受磁场力的方向为该电磁场的方向。从北极出发到南极的方向在磁体内部是由南极到北极，在外可表现为磁感线的切线方向或放入磁场的小磁针在静止时北极所指的方向。磁场的南北极与地理的南北极正好相反，且一端的两种极之间存在一个偏角，称为磁偏角。磁偏角不断地发生缓慢变化。掌握磁偏角的变化对于指南针指向具有重要意义。

磁感线：在磁场中画一些曲线（用虚线或实线表示），使曲线上任何一点的切线方向都跟这一点的磁场方向相同（且磁感线互不交叉），这些曲线叫作磁感线。磁感线是闭合曲线。规定小磁针的北极所指的方向为磁感线的方向。磁铁周围的磁感线都是从 N 极出来进入 S 极的，在磁体内部磁感线从 S 极到 N 极。磁感线示意图如图 4.1.18 所示。

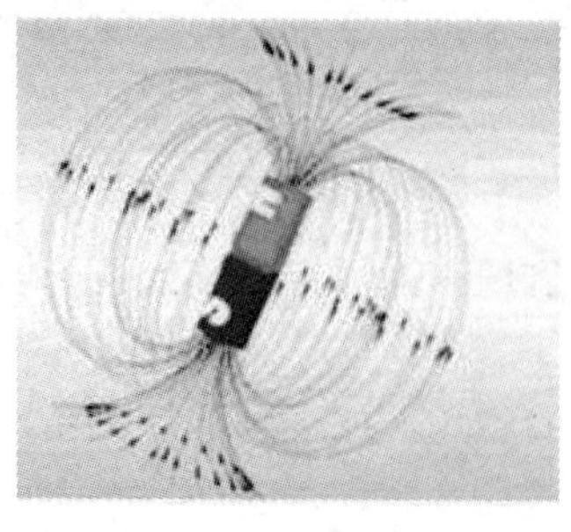

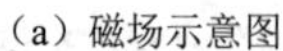

（a）磁场示意图

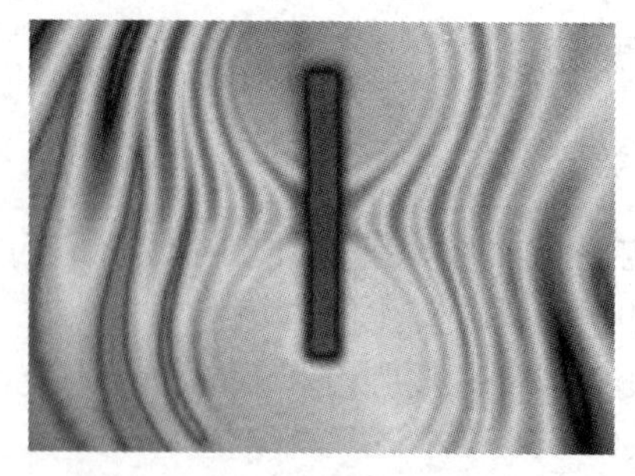

（b）三维磁场图

图 4.1.18　磁感线示意图

3．磁场相关概念

磁感应强度：与磁感线方向垂直的单位面积上所通过的磁感线数目，又叫作磁感线的密度，也叫作磁通密度，用 B 表示，单位为 T（特斯拉）。

磁通量：磁通量是通过某一截面积的磁感线总数，用 Φ 表示，单位为韦伯（Weber），符号是 Wb，$1\text{Wb}=1\text{T}\cdot\text{m}^2$。通过一线圈的磁通量的表达式为 $\Phi=B\cdot S$，式中 B 为磁感应强度，S 为该线圈的面积。

安培力：（左手定则）$F=BIL\sin\theta$。洛伦兹力：（左手定则）$F=qvB\sin\theta$。

4．磁场检测方法

目前的高斯计几乎都是基于霍尔效应原理进行磁场测量的，采用霍尔传感器作为磁感应元件。用户可能会发现这样的问题，即使在同一个点上，使用不同型号的探头会产生不同的测量结果。这并非是测量的错误，而是由于霍尔传感器的尺寸不同及装配的位置误差产生的结果。根据不同的需要，正确地选择高斯计和相应的霍尔探头尤为重要。

高斯计（现称毫特斯拉计）是根据霍尔效应制成的测量磁感应强度的仪器，它由霍尔探头和测量仪表构成。霍尔探头在磁场中因霍尔效应而产生霍尔电压，测出霍尔电压后，根据霍尔电压公式和已知的霍尔系数可确定磁感应强度的大小。高斯计的读数以高斯或千高斯为单位。高斯计是用于测量和显示单位面积平均磁通密度或磁感应强度的精密仪器。

在 CGS 单位制中，磁感应强度的单位是高斯，因此叫作高斯计；在 SI 单位制中，磁感应强度的单位是特斯拉，因此叫作特斯拉计。关系为

1T（特斯拉）=1000mT（毫特斯拉）=10 000Gs（高斯）

本质是一个东西，只是测量的单位不同而已，特斯拉单位太大，一般采用毫特斯拉单位，现在很多人都喜欢用高斯单位，感觉要直观一点。

任务考核 ◎

（1）通过网络查询一款未罗列出来的磁学量传感器，填写表 4.1.2。

表 4.1.2　磁学量传感器查询

型　号	分　类	功　能	优　点	价　格

（2）整理一款磁学量传感器，填写任务报告，内容包括型号、封装、原理、电路图、应用领域及应用电路。

任务2　磁学量传感器的标定

任务描述

利用 THSRZ-1 传感器实训台进行磁学量传感器的标定，为后续的传感器电路的设计与制作打下坚实的基础。

任务要求

（1）能够使用 THSRZ-1 传感器实训台；

（2）能够标定霍尔传感器的参数，记录相关数据；

（3）能够实现磁电式传感器对速度的标定，记录相关数据；

（4）能够实现电涡流传感器对速度的标定，记录相关数据。

任务分析

（1）在了解相关传感器工作原理的基础上，了解检测目标；

（2）掌握 THSRZ-1 工作台的布局及各模块的使用方法；

（3）根据实训指导书完成相关实训内容的练习；

（4）记录数据，加以分析，填写实验报告。

任务实施

一、霍尔测速实验

1．实验目的

了解霍尔传感器的应用——测量转速。

2．实验仪器

霍尔传感器、+5V、2～24V 直流电源、转动源、频率/转速表。

3．实验原理

利用霍尔效应表达式（$U_H=K_HI_CB$），当被测圆盘上装上 N 只磁性体时，转盘每转一周磁场变化 N 次，每转一周霍尔电势就同频率相应变化，将输出电压放大、整形，再通过计数电路，就可以测出转速。

4．实验内容与步骤

（1）根据图 4.1.9 进行安装，将霍尔传感器安装于传感器支架上，且霍尔传感器正对着转盘上的磁钢。

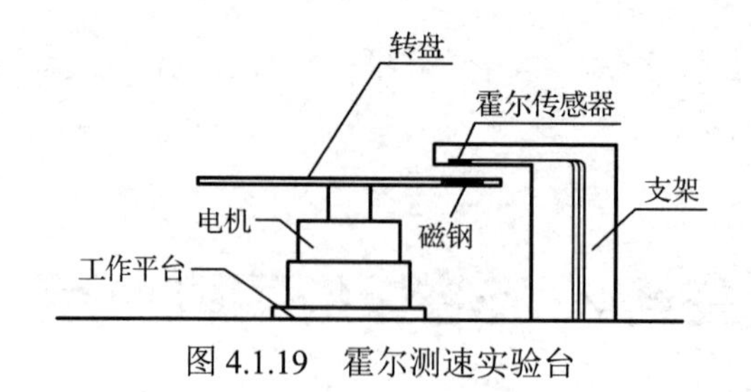

图 4.1.19　霍尔测速实验台

（2）将+5V 电源接到三源板上霍尔传感器的电源端，霍尔传感器的输出端接到频率/转速表（切换到测转速位置），2～24V 直流电源输出端接到转动源的转动电源输入端。

（3）合上主控台电源，调节 2～24V 电压调节旋钮，可以观察到转动源转速的变化，也可通过通信接口的第一通道 CH1，用上位机软件观测霍尔传感器输出的脉冲波形。

5．实验报告

（1）分析霍尔传感器产生脉冲的原理。

（2）根据记录的驱动电压和转速，画出电压—转速曲线。

二、磁电式传感器的测速实验

1．实验目的

了解磁电式传感器的原理及应用。

2．实验仪器

转动源、磁电式传感器、2～24V 直流电源、频率/转速表、通信接口（含上位机软件）。

3．实验原理

磁电式传感器是以电磁感应原理为基础的。根据电磁感应定律，线圈两端的感应电动势正比于线圈所包围的磁通量对时间的变化率，即

$$e=-W\frac{\mathrm{d}\Phi}{\mathrm{d}t}$$

式中，W 为线圈匝数，Φ 为线圈所包围的磁通量。若线圈相对磁场运动速度为 v 或角速度为 ω，则上式可改为 $e=-WBlv$ 或者 $e=-WBS\omega$，l 为每匝线圈的平均长度，B 为线圈所在磁场的磁感应强度，S 为每匝线圈的平均截面积。

4．实验内容与步骤

（1）按图 4.1.20 安装磁电式传感器。传感器底部距离转动源 4～5mm（目测），转动源的转动电源输入端接到 2～24V 直流电源输出端（注意正负极，否则烧坏电机）。磁电式传感器的两根输出线接到频率/转速表。

（2）调节 2～24V 电压调节旋钮，改变转动源的转速，通过通信接口的 CH1 通道，用上位机软件观测其输出波形。

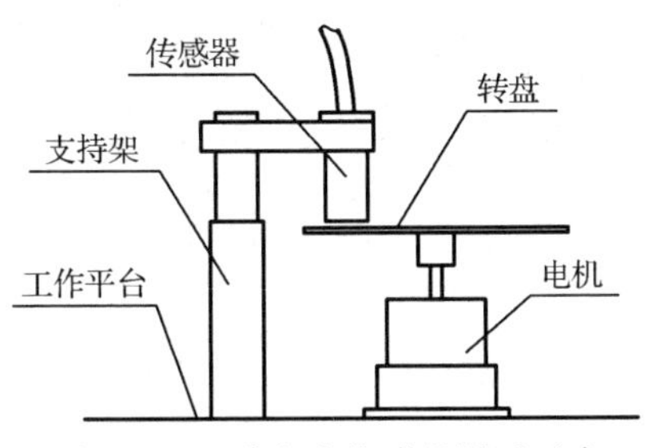

图 4.1.20　磁电式传感器测试平台

5．实验报告

（1）分析磁电式传感器测量转速的原理。

（2）根据记录的驱动电压和转速，画出电压-转速曲线。

三、电涡流传感器测量振动实验

1．实验目的

了解电涡流传感器测量振动的原理与方法。

2．实验仪器

电涡流传感器、振动源、低频振荡器、直流稳压电源、电涡流传感器测量电路模块、通信接口（含上位机软件）、铁质材料。

3．实验原理

根据电涡流传感器动态特性和位移特性选择合适的工作点即可测量振幅。

4．实验内容与步骤

（1）将铁质材料被测体平放到振动台面的中心位置，根据图 4.1.21 安装电涡流传感器，注意传感器端面与被测体振动台面（铁质材料）之间应留有一定距离。

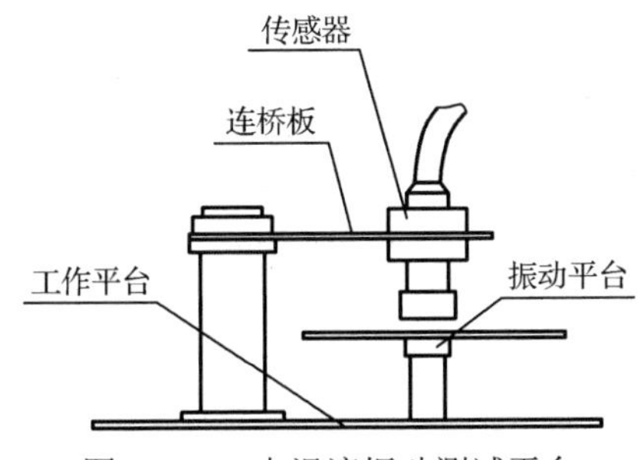

图 4.1.21　电涡流振动测试平台

（2）将电涡流传感器的连接线接到电涡流传感器测量电路模块上标有“ ”的两端，用连接导线从主控台引出+15V 电源并接入测试电路。实验模板输出端与通信接口的 CH1 通道相连。将振荡器的低频输出端接到三源板的低频输入端，低频调频旋钮调到最小位置，低频调幅旋钮调到最大位置，合上主控台电源开关。

（3）调节低频调频旋钮，使振动平台有微小振动（不要达到共振状态）。用上位机观察电涡流传感器测量电路模块的输出波形。注意不要达到共振状态，共振时，幅度过大，振动面可能会与传感器接触，容易损坏传感器。

5. 思考题

有一个振动频率为10kHz的被测体需要测其振动参数，是选用压电式传感器还是电涡流传感器或认为两者均可？

任务考核

（1）完成实验项目，填写实训报告。

（2）能够熟练使用操作台，完成相应的实训任务。

驱动型项目　霍尔转数计数器设计与调试

> ➢ **项目描述：** 利用磁学量传感器对磁学量的检测，设计并制作一款能够应用于日常生活的控制器，实现学以致用的教学目标。
>
> ➢ **知识要点：** 霍尔传感器的控制电路的设计；
> 利用数字芯片实现计数电路的设计。
>
> ➢ **技能要点：** 能够焊接和调试霍尔转数计数器电路；
> 能够提高霍尔转数计数器电路的灵敏度，增大检测距离。

任务描述 ◎

小型变压器线圈、小型电机线圈、电感线圈的绕线机在绕线时需要对线圈的匝数进行计数，常用的线圈计数器采用机械方式进行计数和显示，不直观也不准确。可以通过数字电路对线圈的匝数进行计数并通过数码管显示出来。

任务要求 ◎

（1）通过霍尔传感器记录脉冲；

（2）根据转动方向加一或减一；

（3）通过七段数码管显示计数值。

任务分析 ◎

霍尔转数计数器电路如图 4.2.1 所示，包括霍尔元件检测磁场强度电路、可预置的加减法计数器电路、译码与显示电路。当磁场强度增强到一定值时，霍尔传感器输出低电平，当磁场强度减弱到一定值时，霍尔传感器输出高电平。由 CD4518 组成的计数电路对霍尔传感器输出的脉冲进行计数，计数电路得到的十进制数通过 CD4511 译码电路转换成七段数码管编码，并驱动七段数码管显示对应的数字。

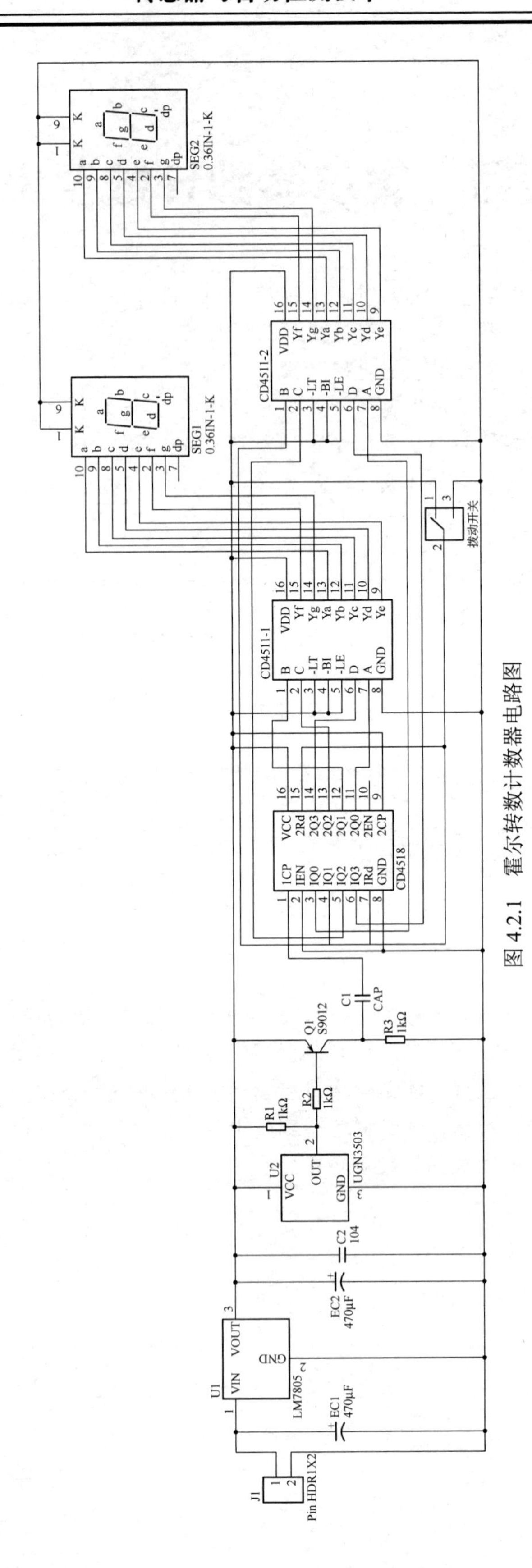

图 4.2.1 霍尔转数计数器电路图

任务实施

一、准备阶段

霍尔转数计数器电路元器件清单如表 4.2.1 所示。

表 4.2.1　霍尔转数计数器电路元器件清单

元　器　件	描　　述	标　　号	封　　装	库	数量
CAP	无极性电容	C1	RAD-0.2	CAP	1
104	无极性电容	C2	RAD-0.2	CAP	1
CD4511	七段显示译码器	CD4511-1，CD4511-2	DIP16	CD4511	2
CD4518	双 BCD 同步加法计数器	CD4518	DIP16	CD4518	1
470μF	直插电解电容	EC1，EC2	DIP-EC2.5X5X11	DIP_ECAP	2
Pin HDR1X2	—	J1	Pin HDR1X2/2.54mm-S	Pin HDR1X2	1
S9012	PNP 型三极管	Q1	TO-92A	PNP	1
1kΩ	—	R1，R2，R3	AXIAL0.3	RES	3
0.36IN-1-K	1 位 0.36 寸共阴极数码管	SEG1，SEG2	0.36IN-1P	0.36IN-1-K	2
LM7805	—	U1	TO220A	LM7805	1
UGN3503	线性型霍尔传感器	U2	VS1838B-A	UGN3503	1
SS-12D00	双向动开关	拨动开关	SS-12D00	SS-12D00	1

二、核心元器件

1. 双 BCD 同步加法计数器 CD4518

CD4518 是一个双 BCD 同步加法计数器，由两个相同的同步 4 级计数器组成。CD4518 引脚功能如下：CLOCK A、CLOCK B 为时钟输入端；RESET A、RESET B 为清除端；ENABLE A、ENABLE B 为计数允许控制端；Q1A～Q4A、Q1B～Q4B 为计数器输出端；VDD 为正电源；VSS 为地。CD4518 引脚功能如图 4.2.2 所示。

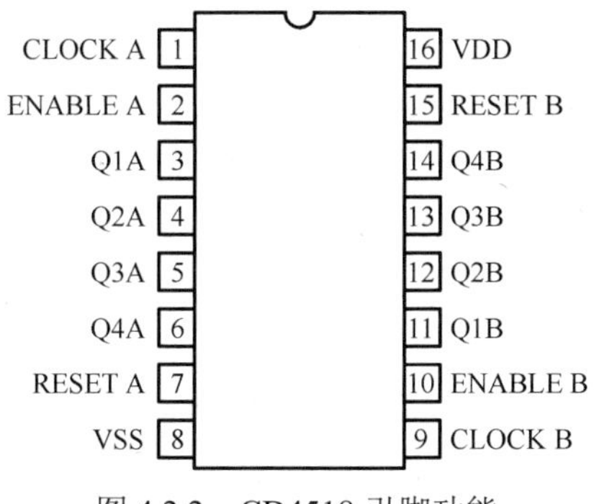

图 4.2.2　CD4518 引脚功能

CD4518 在一个封装中含有两个可互换二/十进制计数器，其功能引脚分别为 1～7 和 9～15。CD4518 是单路系列脉冲输入（1 号引脚或 2 号引脚，9 号引脚或 10 号引脚），4 路 BCD 码信号输出（3 号引脚～6 号引脚，11 号引脚～14 号引脚）的。

CD4518 控制功能：CD4518 有两个时钟输入端 CLOCK 和两个使能端 ENABLE，若用时钟上升沿触发，信号由 CLOCK 端输入，此时 ENABLE 端为高电平（1），若用 ENABLE 下降沿触发，信号由 ENABLE 端输入，此时 CLOCK 端为低电平（0），同时复位端 RESET 也保持低电平（0），只有满足了这些条件，电路才会处于计数状态，否则没办法工作。

CD4518 时序图如 4.2.3 所示。CD4518 采用并行进位方式，只要输入一个时钟脉冲，计数单元 Q1 就翻转一次；当 Q1 为 1，Q4 为 0 时，每输入一个时钟脉冲，计数单元 Q2 翻转一次；当 Q1=Q2=1 时，每输入一个时钟脉冲，Q3 翻转一次；当 Q1=Q2=Q3=1 或 Q1=Q4=1 时，每输入一个时钟脉冲，Q4 翻转一次。这样从初始状态（“0”态）开始计数，每输入 10 个时钟脉冲，计数单元便自动恢复到“0”态。若将第一个加法计数器的输出端 Q4A 作为第二个加法计数器的输入端 ENABLE 的时钟脉冲信号，便可组成两位 8421 编码计数器，依次下去可以进行多位串行计数。

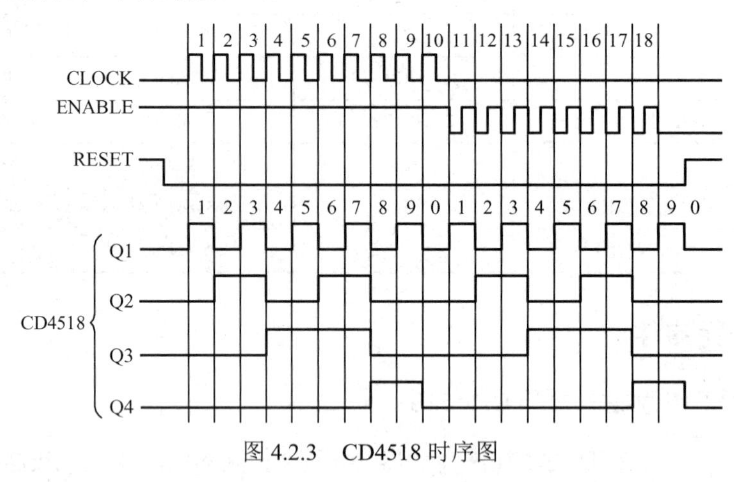

图 4.2.3　CD4518 时序图

2. 译码器 CD4511

CD4511 具有锁存、译码、消隐功能，通常以反相器作输出级，通常用以驱动 LED，其引脚图如图 4.2.4 所示。其中 7、1、2、6 分别表示 DA、DB、DC、DD；5、4、3 分别表示 $\overline{EL}$、$\overline{BI}$、$\overline{LT}$；13、12、11、10、9、15、14 分别表示 OA、OB、OC、OD、OE、OF、OG。左边的引脚表示输入，右边的引脚表示输出，还有两个引脚 8、16 分别表示 VDD、VSS。

由图 4.2.5 可以看出，引脚功能如下。

$\overline{BI}$：4 号引脚是消隐输入控制端，当 $\overline{BI}$=0 时，不管其他输入端状态如何，七段数码管均处于熄灭（消隐）状态，不显示数字。

$\overline{LT}$：3 号引脚是测试输入端，当 $\overline{BI}$=1，$\overline{LT}$=0 时，译码输出全为 1，不管输入状态如何，七段均发亮，显示“8”。它主要用来检测数码管是否损坏。

$\overline{EL}$：锁定控制端，当 $\overline{EL}$=0 时，允许译码输出。$\overline{EL}$=1 时，译码器处于锁定保持状态，译码器输出被保持在 $\overline{EL}$=0 时的数值。

DA、DB、DC、DD 为 8421BCD 码输入端。OA、OB、OC、OD、OE、OF、OG 为译码输出端，输出为高电平（1）有效。

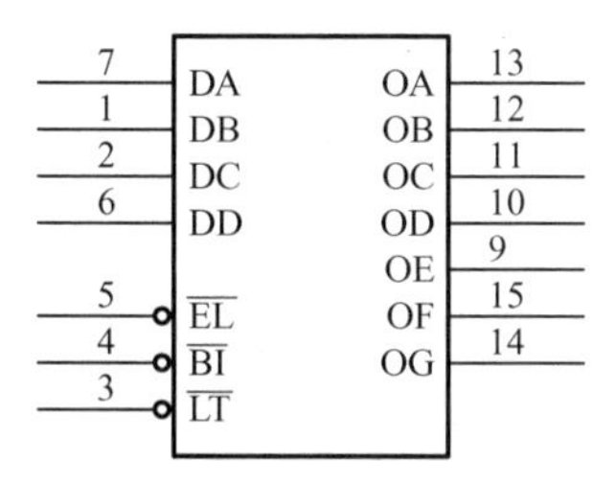

图 4.2.4　CD4511 的引脚图

输　入							输　出							
$\overline{EL}$	$\overline{BI}$	$\overline{LT}$	DD	DC	DB	DA	OA(a)	OB(b)	OC(c)	OD(d)	OE(e)	OF(f)	OG(g)	显示
X	X	0	X	X	X	X	1	1	1	1	1	1	1	8
X	0	1	X	X	X	X	0	0	0	0	0	0	0	消隐
0	1	1	0	0	0	0	1	1	1	1	1	1	0	0
0	1	1	0	0	0	1	0	1	1	0	0	0	0	1
0	1	1	0	0	1	0	1	1	0	1	1	0	1	2
0	1	1	0	0	1	1	1	1	1	1	0	0	1	3
0	1	1	0	1	0	0	0	1	1	0	0	1	1	4
0	1	1	0	1	0	1	1	0	1	1	0	1	1	5
0	1	1	0	1	1	0	0	0	1	1	1	1	1	6
0	1	1	0	1	1	1	1	1	1	0	0	0	0	7
0	1	1	1	0	0	0	1	1	1	1	1	1	1	8
0	1	1	1	0	0	1	1	1	1	0	0	1	1	9
0	1	1	1	0	1	0	0	0	0	0	0	0	0	消隐
0	1	1	1	0	1	1	0	0	0	0	0	0	0	消隐
0	1	1	1	1	0	0	0	0	0	0	0	0	0	消隐
0	1	1	1	1	0	1	0	0	0	0	0	0	0	消隐
0	1	1	1	1	1	0	0	0	0	0	0	0	0	消隐
0	1	1	1	1	1	1	0	0	0	0	0	0	0	消隐
1	1	1	X	X	X	X	锁　存							锁存

图 4.2.5　CD4511 的真值表（X 为任意状态）

锁存功能：译码器的锁存电路由传输门和反相器组成，传输门的导通或截止由控制端 $\overline{EL}$ 的电平状态决定。当 $\overline{EL}$ 为“0”电平时，TG1 导通，TG2 截止；当 $\overline{EL}$ 为“1”电平时，TG1 截止，TG2 导通，此时译码器有锁存作用。

CD4511 是一个用于驱动共阴极 LED 显示器的 BCD 码-七段码译码器，它是具有 BCD 转换、消隐和锁存控制、七段译码及驱动功能的 CMOS 电路，能提供较大的拉电流，可直接驱动 LED 显示器。单数码管计数显示电路如图 4.2.6 所示。

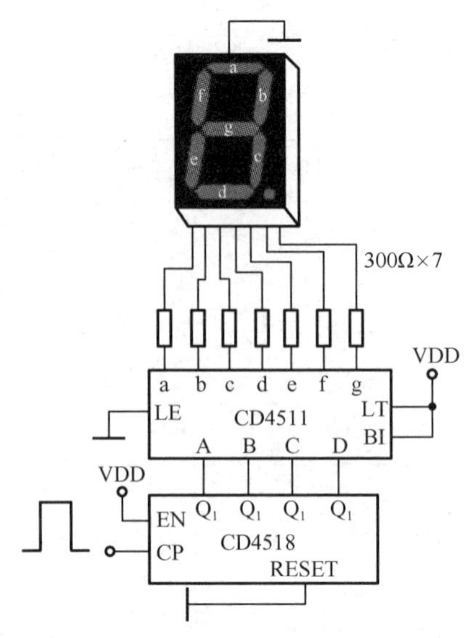

图 4.2.6　单数码管计数显示电路

三、焊接注意事项

（1）各元器件按照图纸的指定位置孔距插装、焊接。

（2）电阻插装焊接：卧式电阻应紧贴电路板插装焊接，立式电阻应在离电路板 1～2mm 处插装焊接。

（3）电容插装焊接：陶瓷电容应在离电路板 4～6mm 处插装焊接，电解电容应在离电路板 1～2mm 处插装焊接。

（4）二极管插装焊接：卧式二极管应在离电路板 3～5mm 处插装焊接，立式二极管应在离电路板 1～2mm（塑封）和 2～3mm（玻璃封）处插装焊接。

（5）三极管插装焊接：三极管应在离电路板 4～6mm 处插装焊接。

（6）集成电路插装焊接：集成电路应紧贴电路板插装焊接。

（7）电位器插装焊接：电位器应按照图纸要求方向紧贴电路板插装焊接。

四、电路的布局及测试

根据图 4.2.1、图 4.2.7 和表 4.2.1，进行焊接和测试，最终效果图应该如图 4.2.8 所示。

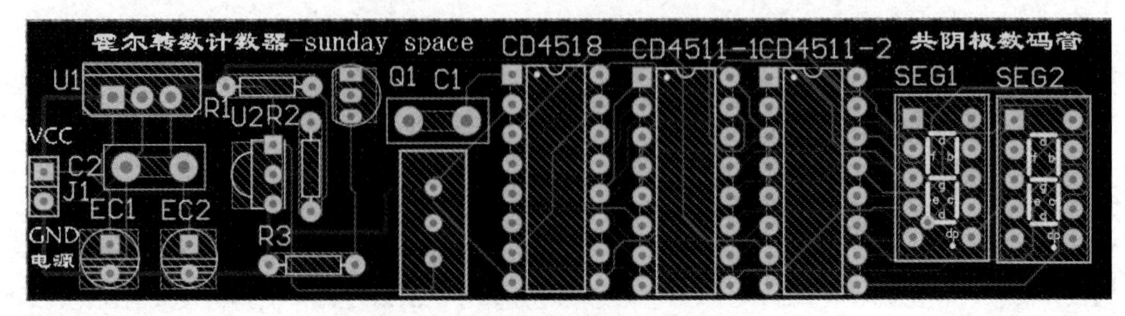

图 4.2.7　霍尔转数计数器电路接线图

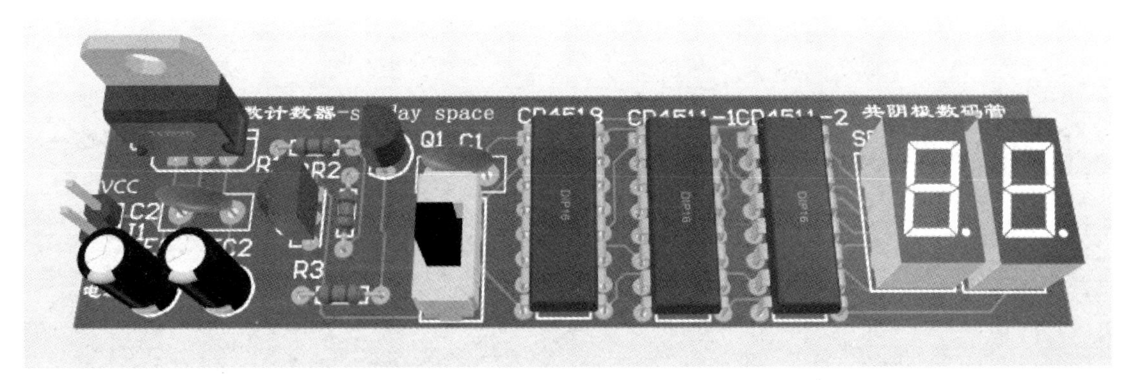

图 4.2.8　霍尔转数计数器焊接效果图

焊接的时候，采用“从左向右，逐步焊接，逐步测试”原则。首先焊接 LM7805 电源部分和电源指示灯，接通电源后，电源指示灯点亮，说明电源无问题。接着焊接霍尔传感器，再焊接计数器和译码器，使其能够实现计数显示。

手工焊接是利用电烙铁加热焊料和被焊金属，实现金属间牢固连接的一种焊接工艺技术，其工艺简单，不受使用场合和条件的限制，尤其是在电子产品的调试维修中占有重要的位置，因此，掌握手工焊接工艺是电子产品装配人员的基本技能。

1）焊点的外观要求

焊点表面应该光滑、清洁，有良好光泽，不应有毛刺、空隙、污垢或残留的焊剂。

2）焊点的技术要求

焊点应具有一定的机械强度，保证被焊件在受到震动和冲击时，焊点不松动；应保证其良好、可靠的电气性能；焊点应具有合适的尺寸、光泽和清洁美观的外表。

任务考核

独立完成任务的制作。

创新型项目　自行车码速表的设计与制作

> ➢ **项目描述**：将磁学量传感器与单片机相结合，构建一个智能控制系统，实现多种逻辑控制模式，并将其应用到日常的控制技术中，提高工业、民用的智能化水平。
>
> ➢ **知识要点**：了解霍尔测速模块的电路；
> 掌握单片机最小系统的构成；
> 掌握单片机C语言的编程及下载方法。
>
> ➢ **技能要点**：掌握磁学量控制系统编程方法；
> 能够实现磁学量自动控制系统的创新设计。

任务描述 ◎

以通用 STC89C51 单片机为处理核心，用传感器将车轮的转数转换为电脉冲，在进行处理后送入单片机。里程及速度是利用单片机的定时/计数器测出总的脉冲数和每转一圈的时间，再通过单片机计算得出的，其结果通过 LCD 显示出来。

任务要求 ◎

（1）选择合适的磁学量传感器模块，实现与单片机的连接；
（2）能够设定磁性物体移动次数，实现蜂鸣器报警及指示灯指示功能；
（3）编程模块化程序，能够实现控制报警功能。

任务分析 ◎

自行车码速表功能结构图如图 4.3.1 所示，以 STC89C51 单片机为核心的最小系统作为控制核心，采用 LCD1602 液晶屏为显示模块，显示磁性材料经过传感器的次数。用杜邦线将通用传感器接口（P11、P7）连接到单片机 P3.5 引脚上。传感器模块采用霍尔传感器，对磁场进行检测，检测结果通过比较器与设定参数进行比较，获得高/低电平，送入单片机中，实现信号采集。

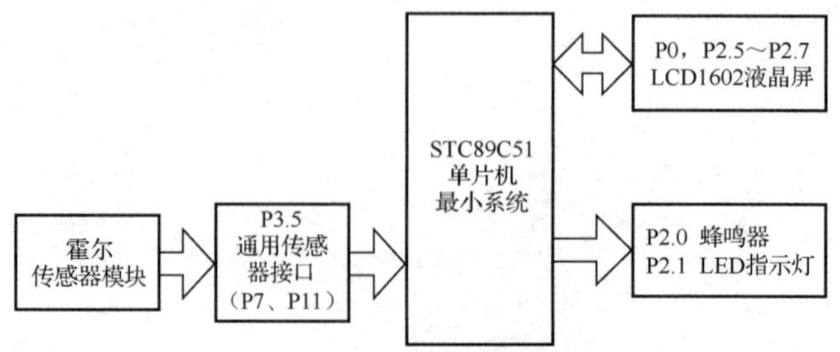

图 4.3.1　自行车码速表功能结构图

STC89C51 单片机的控制程序采用 C 语言编写，其程序流程图如图 4.3.2 所示。首先，对 LCD1602 液晶屏、按键、蜂鸣器、LED 指示灯、通用传感器接口（P11、P7）进行初始化，保证相关设备处于初始状态。其次，在主程序中不断检测 P3.5 引脚状态，对磁场信号进行记录。通过定时器统计一秒内的脉冲数，得到一秒内的脉冲数据。如果一秒内的脉冲数超过 20，说明速度超过设定值，则蜂鸣器报警，LED 指示灯点亮，LCD 显示一秒内的脉冲数。

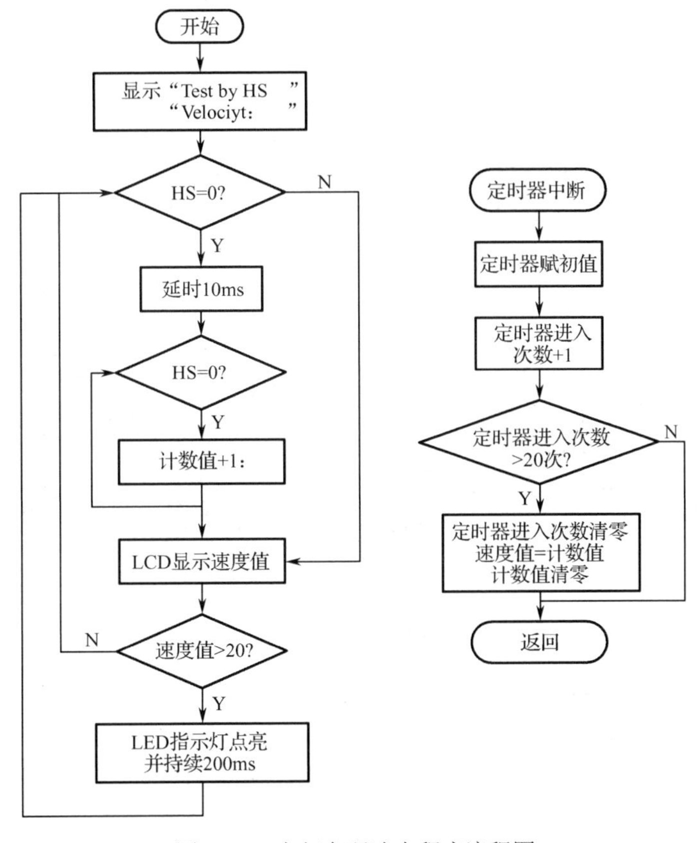

图 4.3.2　自行车码速表程序流程图

任务实施

一、模块测试分析

1. 传感器模块的焊接与测试

霍尔传感器模块电路如图 4.3.3 所示，该模块电路采用 TO92S 封装的霍尔传感器，同时因电路具有 LM393 线性放大器，可以采用单极性霍尔集成电路，也可以采用全极性霍尔集成电路，也可以采用线性霍尔集成电路。本模块采用鑫雁电子科技（上海）有限公司生产的高灵敏度单极性霍尔集成传感器 GH1131。

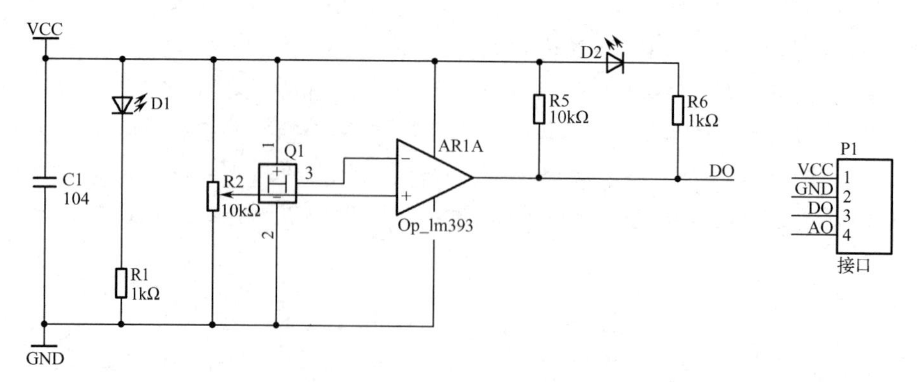

图 4.3.3　霍尔传感器模块电路

焊接后的霍尔传感器模块如图 4.3.4 所示，模块采用 LM393、GH1131，直流 5V 工作电压，4 线制模块接口。VCC 外接 5V 电压，GND 外接 GND，AO 为模拟量输出接口，DO 为开关量输出接口。该模块具有电源指示灯 D1 和信号输出指示灯 D2。若模块无触发，则输出低电平；若模块有触发，则输出高电平。灵敏度通过 R2 可调，有磁场切割就有信号输出。

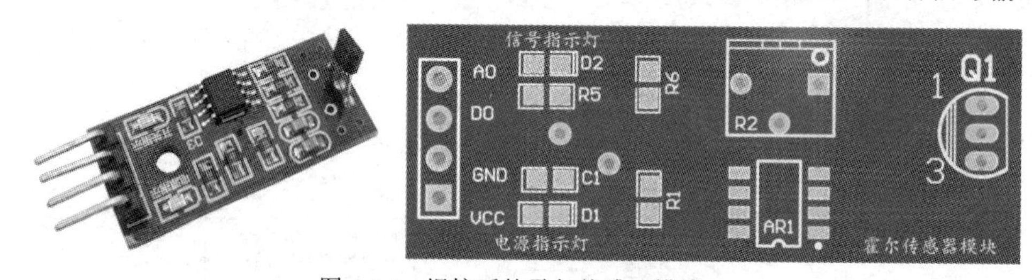

图 4.3.4　焊接后的霍尔传感器模块

2．GH1131 特性分析

GH1131 是由内部电压稳压器、霍尔电压发生器、差分放大器、温度补偿单元、施密特触发器和集电极开路输出级组成的磁敏传感电路，其输入为磁感应强度，输出是一个数字电压信号。它是一种单磁极工作的磁敏传感电路，适合在矩形或柱形磁体下工作。

1）封装

TO92S 封装形式如图 4.3.5 所示，SOT23 封装形式及引脚功能如图 4.3.6 所示。

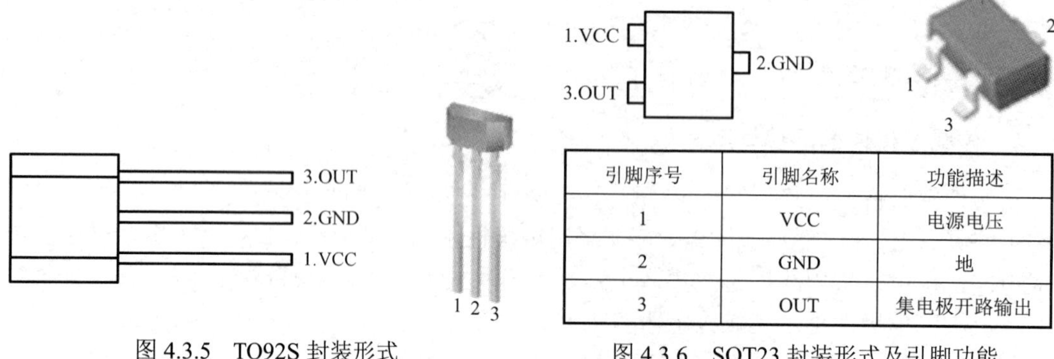

引脚序号	引脚名称	功能描述
1	VCC	电源电压
2	GND	地
3	OUT	集电极开路输出

图 4.3.5　TO92S 封装形式

图 4.3.6　SOT23 封装形式及引脚功能

2）参数

GH1131 的极限参数、磁特性、电特性分别如表 4.3.1～表 4.3.3 所示。

表 4.3.1　GH1131 的极限参数

参　数	符　号	量　值	单　位
电源电压	VCC	-30～30	V
磁感应强度	B	不限	Gs
输出反向击穿电压	V_{CE}	-30	V
输出低电平电流	I_{OL}	45	mA
最大允许的功耗	P_D	450	mW
工作环境温度	T_A	-40～125	℃
储存温度	T_S	-65～150	℃

表 4.3.2　GH1131 的磁特性（T_A=25℃）

参　数	单　位	GH1131-A			GH1131-B			GH1131-C		
工作点（B_{OP}）	Gs	15	—	45	45	—	75	75	—	150
释放点（B_{RP}）	Gs	5	—	40	35	—	70	65	—	100
回差（B_H）	Gs	5	10	15	15	10	15	5	10	15

表 4.3.3　GH1131 的电特性（T_A=25℃）

参　数	符　号	测 试 条 件	最　小	典　型	最　大	单　位
电源电压	VCC	—	3.8	—	30	V
输出低电平电压	V_{OL}	I_{out}=25mA，$B>B_{OP}$	—	200	350	mV
输出高电平漏电流	I_{OH}	V_{out}=20V，$B<B_{RP}$	—	0.1	10	μA
电源电流	I_{CC}	输出开路	—	3.2	6.5	mA
输出上升时间	t_r	R_L=820Ω，C_L=20pF	—	0.2	—	μs
输出下降时间	t_f	R_L=820Ω，C_L=20pF	—	0.5	—	μs

CH1131 的内部电路图、测试电路图、转换特性分别如图 4.3.7～图 4.3.9 所示，根据表 4.3.1、表 4.3.2、表 4.3.3 可以看出，该霍尔传感器的电源电压范围广，磁感应强度与型号相关，上升时间与下降时间短，输出信号稳定。

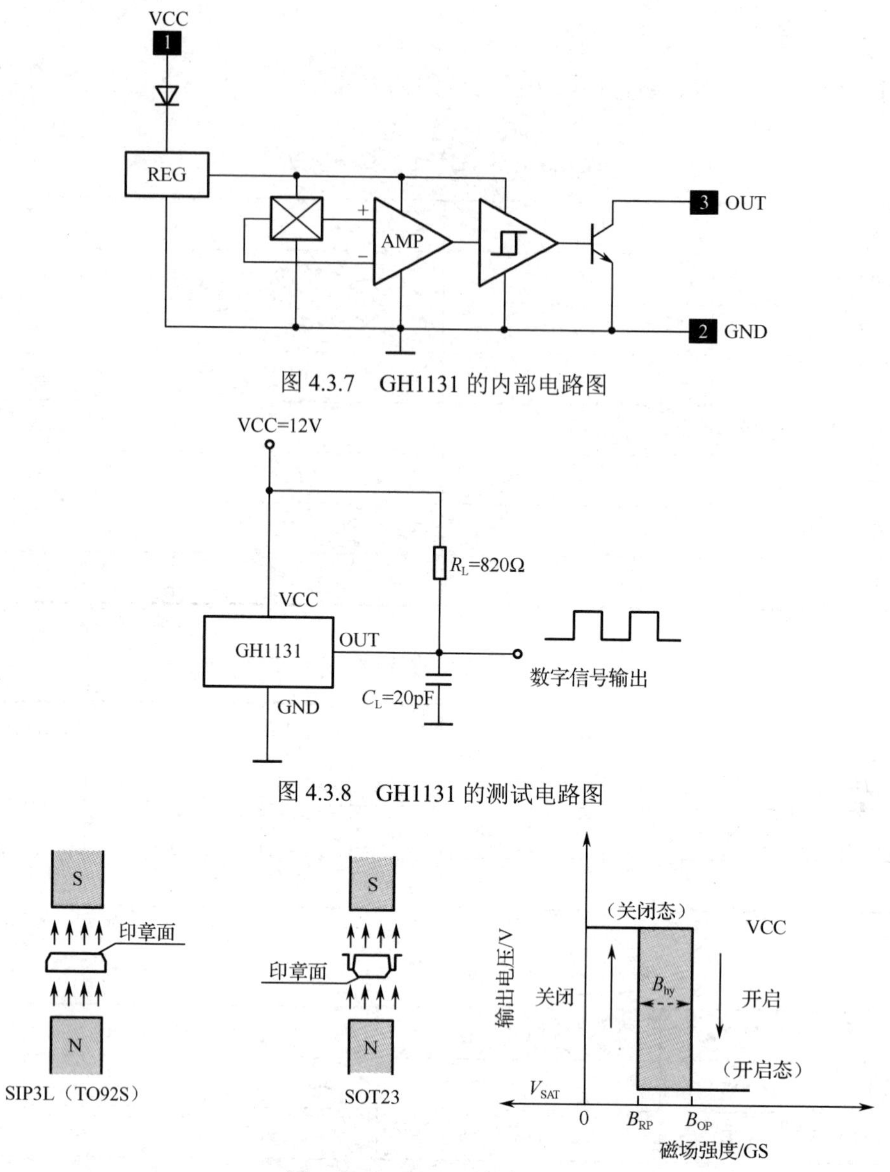

图 4.3.7　GH1131 的内部电路图

图 4.3.8　GH1131 的测试电路图

图 4.3.9　GH1131 的转换特性

二、电路与编程

1．硬件焊接

硬件按照图 4.3.10（a）～（c）的顺序焊接。

① 将霍尔传感器和四脚弯针焊接到霍尔传感器模块上。

② 将霍尔传感器模块直接连接到开发板的通用传感器接口 P11，或者采用排线将霍尔传感器模块与开发板 P7 接口相连。

③ 接通电源。

④ 按下按键 S4。

⑤ 屏幕显示 1s 内磁片通过霍尔传感器的脉冲数。

⑥ 若一秒内的脉冲数超过 20，则 LED 指示灯点亮，蜂鸣器报警。

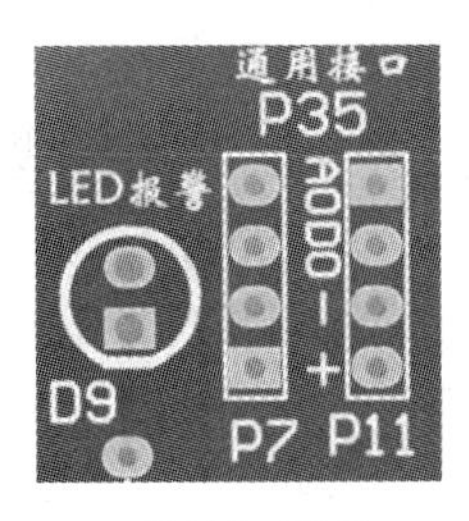

（a）通用传感器接口

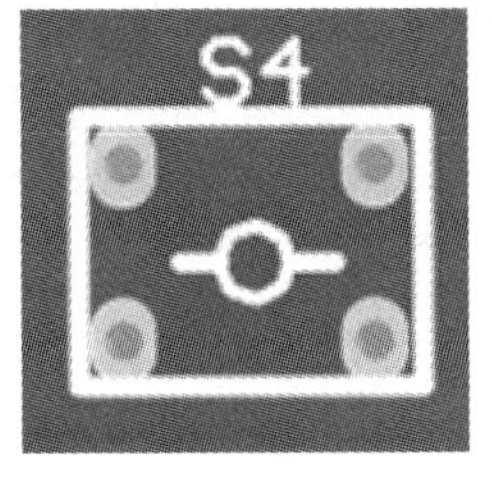

（b）按键 S4

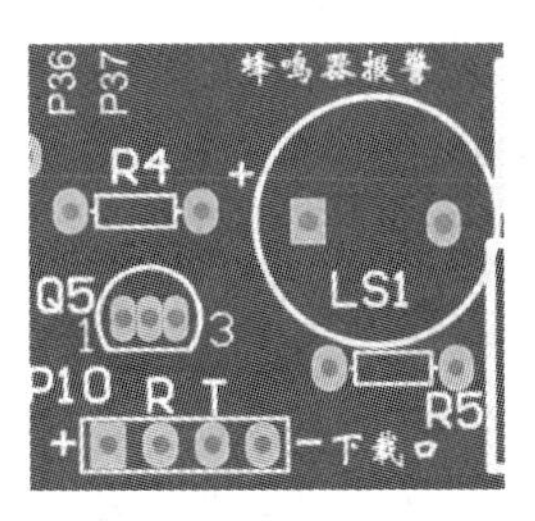

（c）蜂鸣器和指示灯电路

图 4.3.10　自行车码速表硬件焊接示意图

图 4.3.10（a）为通用传感器接口（P7、P11），直接连接到单片机 P3.5 引脚。图 4.3.10（b）为按键 S4，在内部完整程序中，通过该按键可实现磁学量传感器模块的信号检查与控制。图 4.3.10（c）为蜂鸣器和指示灯电路，通过程序加以控制。自行车码速表硬件焊接效果图如图 4.3.11 所示。

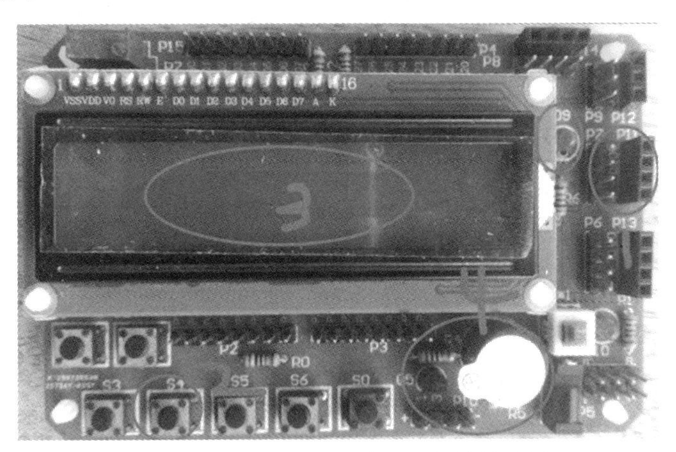

图 4.3.11　自行车码速表硬件焊接效果图

2. 软件编程

```
/*************************************************************************
* 文件名:磁学量的检测与控制——3144 霍尔传感器
* 描　述：实现脉冲数的检测与控制
* 创建人：天之苍狼，2018 年 9 月 1 日
* 版本号：SHD_JY_ 1.06
* 技术支持论坛：六安市双达电子科技有限公司、六安职业技术学院
**************************************************************************
*   1.通过本例程了解霍尔传感器的工作原理，了解磁学量检测方法
*   2.了解掌握比较放大器的工作原理及对开关量的一般编程方法
*      ①将霍尔传感器和四脚弯针焊接到霍尔传感器模块上
*      ②将霍尔传感器模块直接连接到开发板的通用传感器接口 P11，或者采用排线将霍尔传感器模
       块与开发板 P7 接口相连
*      ③接通电源
```

```
*       ④按下按键 S4
*       ⑤屏幕显示一秒内磁片通过霍尔传感器的脉冲数
*       ⑥若一秒内的脉冲数超过 20，则 LED 指示灯点亮，蜂鸣器报警
*   P0 口+ P2.5，P2.6，P2.7，为 LCD1602 液晶屏驱动引脚，P2.0 为蜂鸣器报警电路驱动引脚
*   P2.1 为 LED 指示灯电路驱动引脚，P3.5  为通用传感器接口（P11、P7）驱动引脚
*   注意：晶振为 12.000MHz，其他频率需要自己换算延时数值
*****************************************************************************/
#include<reg51.h>
#include<intrins.h>
#include"lcd1602.h"

sbit HS = P3^5;
sbit Warn_LED = P2^1;
sbit Warn_Buzzer = P2^0;

 unsigned char Num;
 unsigned char code digit[10]={"0123456789"};        //定义字符数组显示数字

/*******************************************************
函数功能：延时 1ms
(3j+2)*i=(3×33+2)×10=1010（μs），可以认为是 1ms
*******************************************************/
void delay1ms()
{
    unsigned char i, j;
    for(i=0;i<4;i++)
    for(j=0;j<33;j++);
}
 /*******************************************************
函数功能：延时若干毫秒
入口参数：n
*******************************************************/
void delaynms(unsigned char n)
{
    unsigned char i;
    for(i=0;i<n;i++)
     delay1ms();
}

/*******************************************************
函数功能：主函数
*******************************************************/
void main(void)
{
      L1602_init();
      L1602_string(1, 1, "    Test by HS      ");
```

```
    L1602_string(2, 1, "Puls—Count:            ");

  while(1)                                    //不断检测并显示温度
  {
      if(HS==0)                               //当外界有磁场经过传感器时，DO 端输出低电平
          {
              delaynms(10);
              if(HS==0)
              {
                  Num++;
                  Warn_Buzzer = 0;      //蜂鸣器提示音
                  delaynms(100);
                  Warn_Buzzer = 1;
              }
          }
          else                                //环境光线亮度达不到设定阈值时，DO 端输出高电平
          {
              Warn_LED = 1;                               //LED 指示灯关闭
              Warn_Buzzer = 1;                            //蜂鸣器关闭
          }

          L1602_char(2, 13, digit[Num/100] );             //百位
          L1602_char(2, 14, digit[(Num%100)/10] );        //十位
          L1602_char(2, 15, digit[Num%10] );              //个位

          if(Num>20)
          {
              Warn_LED = 0;
              Warn_LED = 0;
              Warn_Buzzer = 0;       //蜂鸣器提示音
              delaynms(1000);
              Num =0;
          }
      }
}
```

三、注意事项

（1）霍尔传感器模块可通过独立测试，可调节模块上面的变阻器改变相关值。

（2）确保电路焊接无虚焊、短路等现象。

（3）将传感器与控制器的引脚连接合适。

任务考核 ◎

独立完成任务的制作。

教学情境五

力学量的检测与处理

“2018 年六安市质量监督局出动执法人员 15 人次，共检查辖区内 5 家超市，共计 46 台电子秤。执法人员重点查看了计量器具是否经过检定，是否在检定周期内等，检查发现 1 家超市存在计量器具超期未检，执法人员依法对其进行了行政处罚，并责令其进行整改。”

“2018 年 11 月 04 日 20 时 10 分许，宁某驾驶赣 C3**65 重型半挂牵引车从上高县芦洲乡往上高县城方向行驶，车辆在芦洲乡章江村路段倒车时，碰撞到后方的赣 C5**19、赣 C5**60 两辆小车，造成两辆小车不同程度受损的交通事故。根据现场调查发现，宁某驾驶赣 C3**65 重型半挂牵引车违反了《中华人民共和国道路交通安全法实施条例》第五十条之规定，负此次事故全部责任。”

针对这两件事，同学们讨论电子秤到底是如何工作的、测量距离的关键因素是什么，以及这两者的联系是什么。于是同学们就开始了以精确测量为主题的倒车雷达的研究……

引导型项目　认识力学量传感器

> ➢ **项目描述：**通过网络搜索力学量传感器，了解相关传感器的性能、价格、应用领域；
> 通过对常用力学量传感器的认知，熟练使用各类力学量传感器。
> ➢ **知识要点：**了解力学传感器的基本原理及分类；
> 掌握应变片的结构和测量电路特性。
> ➢ **技能要点：**能根据测量对象选用合适的压电式传感器；
> 会分析常见的压电式传感器电路；
> 会使用压电式传感器进行测量。

✧ 任务1 熟悉常用力学量传感器

任务描述 ◎

通过网络查找主流的力学量传感器，了解其用途、型号、价格，并通过线上资源了解各类传感器的工作原理。

✧ 任务2 力学量传感器的标定

任务描述 ◎

利用 THSRZ-1 传感器实训台进行力学量传感器的标定，为后续的传感器电路的设计与制作打下坚实的基础。

任务1　熟悉常用力学量传感器

任务描述 ◎

通过网络查找主流的力学量传感器，了解其用途、型号、价格，并通过线上资源了解各类传感器的工作原理。

任务要求 ◎

（1）能够识别主要的力学量传感器；
（2）了解力学量传感器的工作原理；
（3）能够根据需要选择合适的力学量传感器。

任务分析

（1）通过网络大体了解力学量传感器的类型；
（2）搜索相关厂家的官方网站，下载传感器的说明书；
（3）根据说明书，掌握传感器的参数及用法。

任务实施

一、主要的力学量传感器及其参数

1. DATA-52 系列扩散硅压力传感器

DATA-52 系列扩散硅压力传感器的原理：将两种压力通入高、低两压力室，低压室压力采用大气压或真空，作用在敏感元件的两侧隔离膜片上，通过隔离膜片和元件内的填充液传送到测量膜片两侧。信号处理电路位于不锈钢壳体内，传感器信号经过专业信号调理电路转换成标准 4～20mA 电流或 RS485 信号输出。扩散硅压力传感器广泛应用于石油、化工、冶金、电力等工业过程现场测量和控制。DATA-52 系列扩散硅压力传感器如图 5.1.1 所示。

图 5.1.1　DATA-52 系列扩散硅压力传感器

2. 斯巴拓 SBT710 大量程压力称重传感器

斯巴拓 SBT710 大量程压力称重传感器动态测量响应快，静态校准时间长，体积小，质量轻，使用方便。斯巴拓 SBT710 大量程压力称重传感器如图 5.1.2 所示。

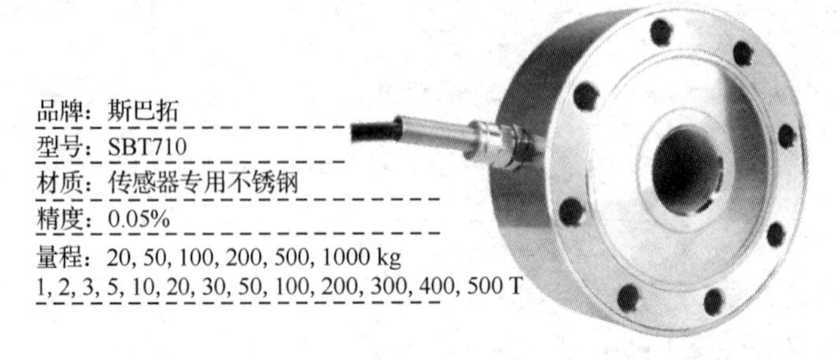

图 5.1.2　斯巴拓 SBT710 大量程压力称重传感器

3．BF1K-3AA 电阻应变式压力传感器

BF1K-3AA 电阻应变式压力传感器采用改性酚醛基底，其栅丝采用康铜箔制成，为全封闭结构，可同时实现温度自补偿和蠕变自补偿。BF1K-3AA 电阻应变式压力传感器如图 5.1.3 所示。

图 5.1.3　BF1K-3AA 电阻应变式压力传感器

4．JP-60A 蓝宝石压力传感器

JP-60A 蓝宝石压力传感器采用硅-蓝宝石作为半导体敏感元件，蓝宝石由单晶体绝缘体元素组成，不会发生滞后、疲劳和蠕变现象；蓝宝石比硅要坚固，硬度更高，不怕形变。JP-60A 蓝宝石压力传感器适用于工业现场压力监测、航空、航天、石油化工、航海造船、发电厂核电站等领域中对精度、稳定性要求较高的场合。JP-60A 蓝宝石压力传感器如图 5.1.4 所示。

图 5.1.4　JP-60A 蓝宝石压力传感器

5．PT124B-213 陶瓷压力传感器

PT124B-213 陶瓷压力传感器选用进口陶瓷芯体，全不锈钢封装，特别适用于安装空间受限制的场合，温度补偿范围宽、精度高、体积小、免调校、量程覆盖范围宽，应用于液压、楼宇自控、恒压供水、装载机械等自动化领域的流体压力测量与控制。PT124B-213 陶瓷压力传感器如图 5.1.5 所示。

图 5.1.5　PT124B-213 陶瓷压力传感器

二、压力传感器的工作原理

1. 电介质的压电效应

某些电介质在沿一定方向上受到外力的作用而变形时，其内部会产生极化现象，同时在它的两个相对表面上出现正负相反的电荷。当外力去掉后，它又会恢复到不带电的状态，这种现象称为正压电效应。正压电效应示意图如图 5.1.6 所示。当外力的方向改变时，电荷的极性也随之改变。在电介质的极化方向上施加电场，这些电介质也会发生变形，电场去掉后，电介质的变形随之消失，这种现象称为逆压电效应。依据电介质压电效应研制的传感器称为压电传感器。

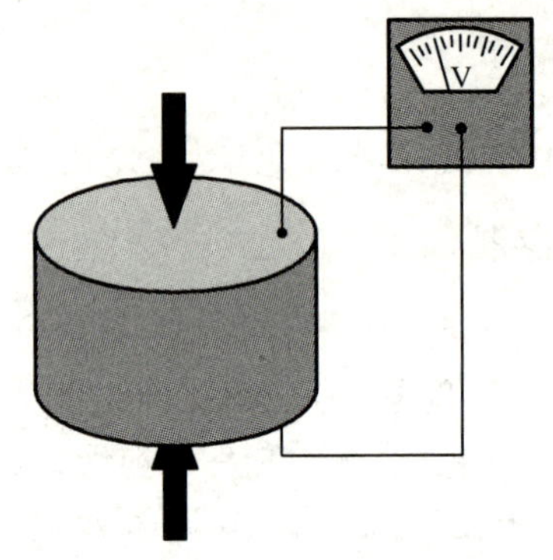

图 5.1.6　正压电效应示意图

正压电效应分子效果如图 5.1.7 所示。逆压电效应分子效果如图 5.1.8 所示。具有正压电效应的晶体，也必定具有逆压电效应，反之亦然。正压电效应和逆压电效应总称为压电效应。晶体是否具有压电效应，是由晶体结构的对称性所决定的。

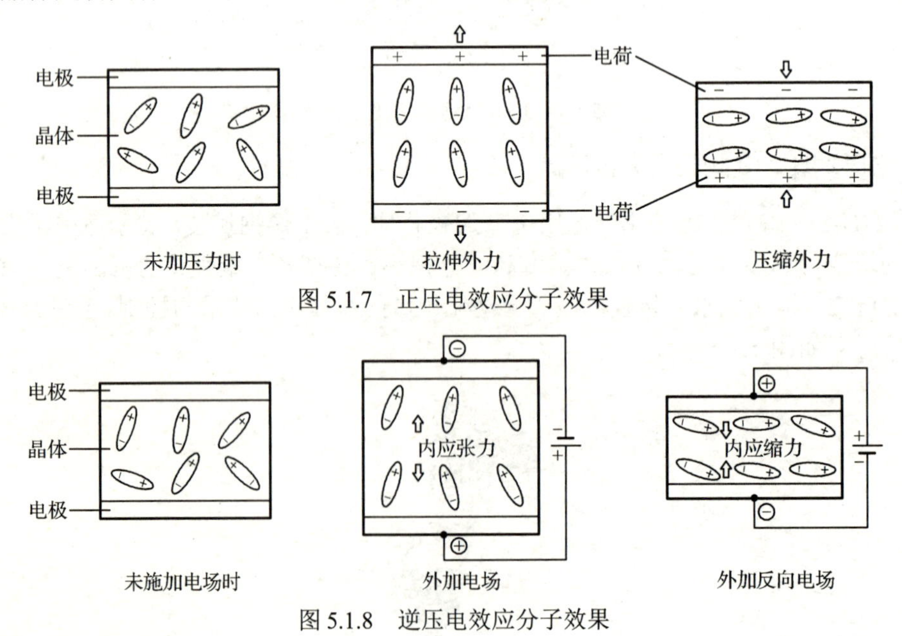

图 5.1.7　正压电效应分子效果

图 5.1.8　逆压电效应分子效果

2．电阻应变式压力传感器

电阻应变式压力传感器基于这样一个原理：弹性体（弹性敏感元件，敏感梁）在外力作用下产生弹性变形，使粘贴在它表面的电阻应变片（转换元件）也随之产生变形，电阻应变片变形后，它的阻值将发生变化（增大或减小），经相应的测量电路把这一电阻变化转换为电信号（电压或电流），从而完成将外力变换为电信号的过程。

由图 5.1.9 可知，电阻应变片、弹性体和检测电路是电阻应变式压力传感器中不可缺少的部分。

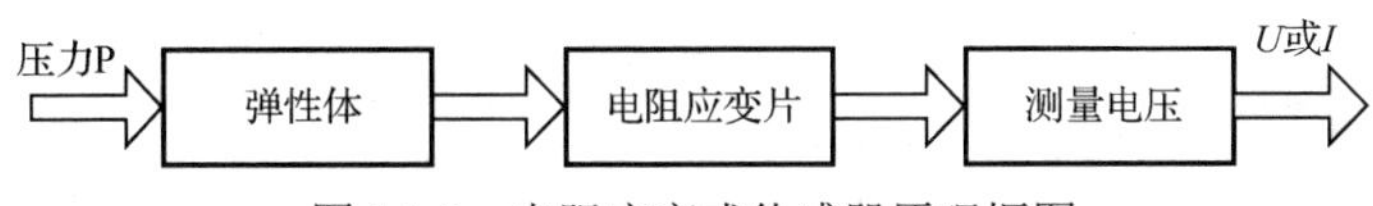

图 5.1.9　电阻应变式传感器原理框图

（1）电阻应变片：电阻应变片由敏感栅、基片（底）、覆盖层和引线等部分组成，其结构如图 5.1.10 所示。敏感栅粘贴在绝缘的基片上，其上再粘贴起保护作用的覆盖层，两端通过焊接引出导线。

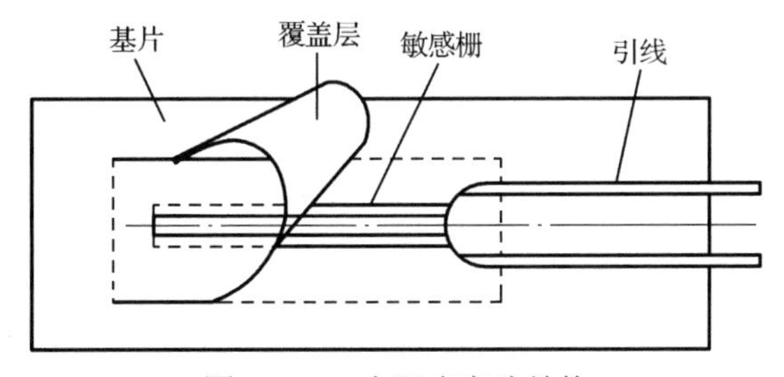

图 5.1.10　电阻应变片结构

电阻应变片的敏感栅有丝式敏感栅、箔式敏感栅和薄膜式敏感栅三种。

（2）弹性体：弹性体泛指在除去外力后能恢复原状的材料，然而具有弹性的材料并不一定是弹性体。弹性体是在弱应力下形变显著，应力松弛后能迅速恢复到接近原有状态和尺寸的高分子材料，其结构如图 5.1.11 所示。

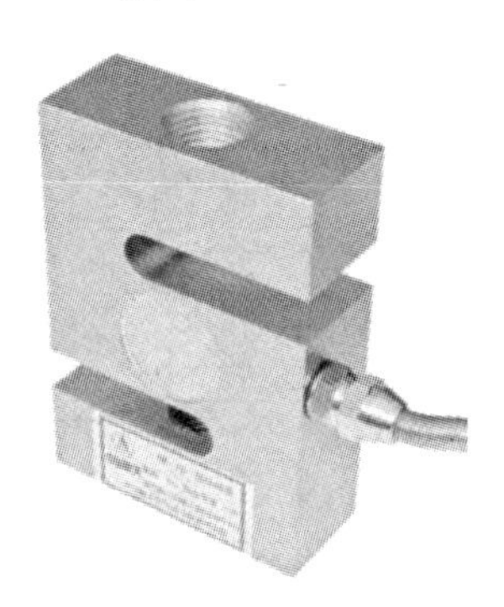

图 5.1.11　弹性体结构

（3）检测电路：检测电路的功能是把电阻应变片的电阻变化转变为电压输出。由于机械应变一般很小，因此电阻应变片的电阻变化范围也很小，直接测量出这一微小变化比较困难，所以一般利用桥式测量电路来精确测量出这些小的电阻变化。

电桥电路如图 5.1.12 所示，当 $R_1=R_2=R_3=R_4=R$ 时，为等臂电桥。当 $R_1=R_2=R$，$R_3=R_4=R'$ 时，为输出对称电桥。当 $R_1=R_3=R$，$R_2=R_4=R'$ 时，为电源对称电桥。由分析可知，当 $R_1R_4=R_2R_3$ 时，电桥平衡，输出电压为 $U_o=0$。

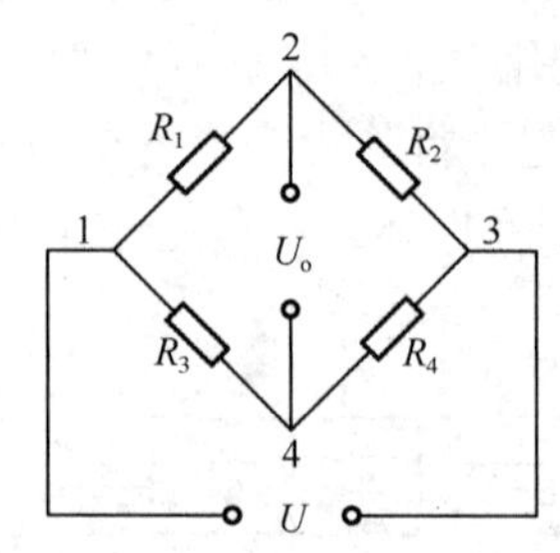

图 5.1.12　电桥电路

单臂电桥电路如图 5.1.13 所示，R_1 为电阻应变片。起始时，电阻应变片未承受应变，电桥平衡，$R_1R_4=R_2R_3$，此时 $U_o=0$。当电阻应变片承受应变时，R_1 增大为 $R_1+\Delta R$，对于等臂电桥和输出对称电桥而言，此时的输出电压为

$$U_o=\frac{U}{4}\frac{\Delta R}{R}=\frac{U}{4}K\varepsilon \tag{5.1}$$

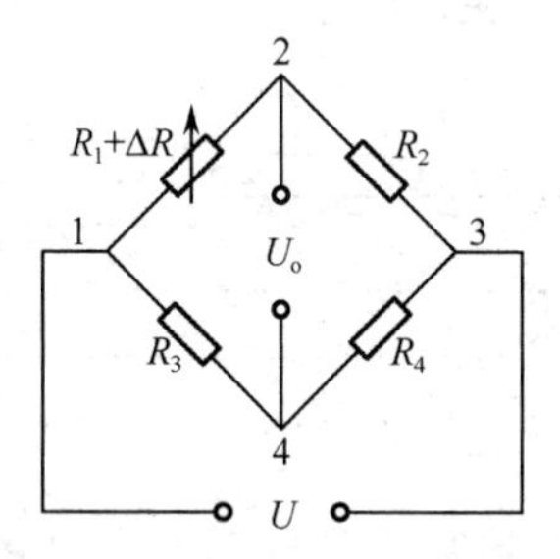

图 5.1.13　单臂电桥电路

双臂电桥（差动半桥）电路如图 5.1.14 所示，电阻 R_1、R_2 为应变片，R_3、R_4 为固定电阻。当应变片承受应变时，R_1 增大为 $R_1+\Delta R$，同时 R_2 减小为 $R_2-\Delta R$，此时的输出电压为单臂工作时的 2 倍，输出电压为

$$U_o=\frac{U}{2}\frac{\Delta R}{R}=\frac{U}{2}K\varepsilon \tag{5.2}$$

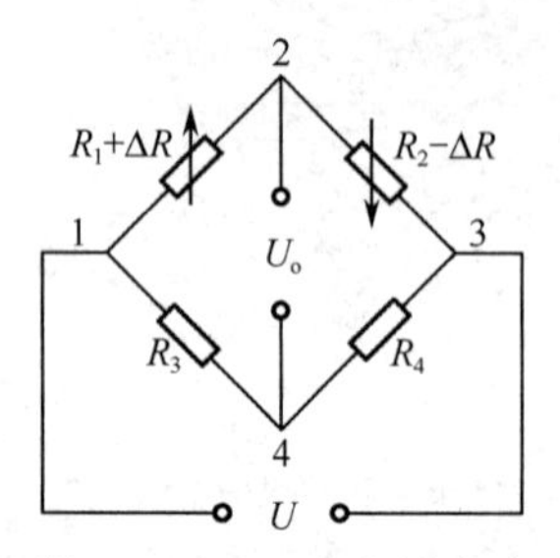

图 5.1.14　双臂电桥电路

差动全桥电路如图 5.1.15 所示，电阻 R_1、R_2、R_3、R_4 均为应变片。当应变片承受应变时，R_1 和 R_4 增大 ΔR，R_2 和 R_3 减小 ΔR，此时的输出电压为单臂工作时的 4 倍，输出

电压为

$$U_o = U\frac{\Delta R}{R} = UK\varepsilon \tag{5.3}$$

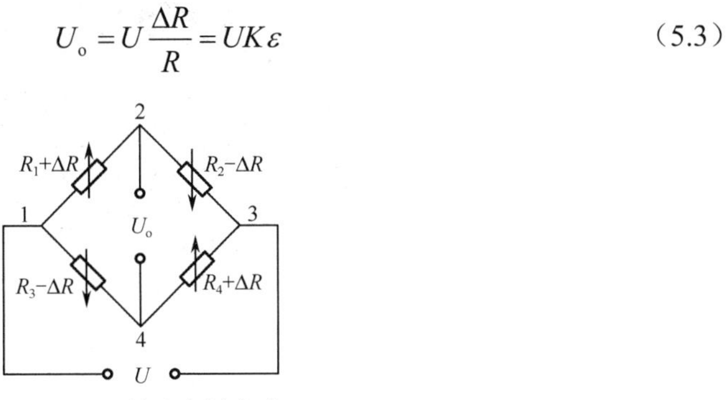

图 5.1.15　差动全桥电路

差动全桥的灵敏度最高，差动半桥次之，单臂电桥灵敏度最低。采用全桥（或双臂半桥）还能实现温度变化的自动补偿。因此，一般采用差动全桥电路。

三、拓展阅读

随着全球智能交通技术（ITS）的发展，与众多的技术一样，压力传感器的研发与生产为用户提供的不仅仅是良好的性能、高度的可靠性、简易的安装方法，还有逐步降低的价格。它独一无二的特性使其在日益扩展的应用中成为理想的选择。

1. 压电薄膜交通传感器

压电薄膜交通传感器被广泛用于检测车轴数和轴距、车速监控、车型分类、动态称重（WIM）、收费站地磅、闯红灯拍照、停车区域监控、交通信息采集（道路监控）及机场滑行道监控。压电薄膜交通传感器的长处是可获取精确的、具体的数据，如精确的速度信号、触发信号、分类信息及长期反馈交通信息统计数据。压电薄膜交通传感器如图 5.1.16 所示。

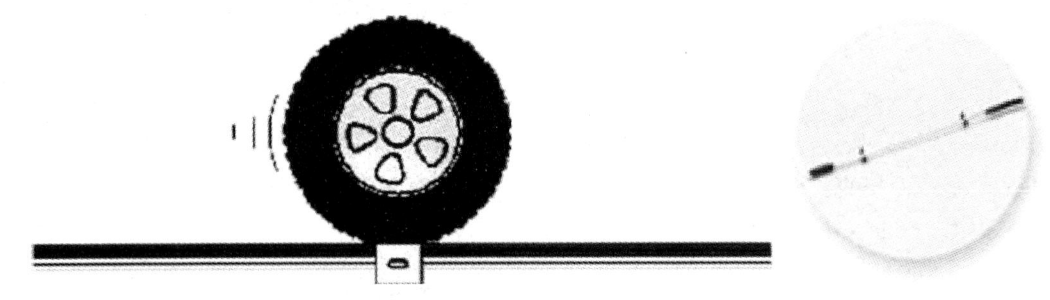

图 5.1.16　压电薄膜交通传感器

2. 行驶中称重

称重传感器在美国、巴西、德国、日本和韩国有大量应用，其主要用途是高速公路车辆超重超载监测的预选和桥梁超载警告系统，判断正在高速行驶中的车辆，尤其是驶过桥梁的车辆是否超载，由视频系统拍下车牌号记录在案，然后由执法机构用精度较高的低速称重系统判断超载量并根据超载量罚款。称重传感器动态测量如图 5.1.17 所示。

图 5.1.17　称重传感器动态测量

3. 闯红灯拍照

压电薄膜交通传感器也可作为闯红灯照相机的触发器，如图 5.1.18 所示。在交叉路口的红灯线前安装两个传感器，传感器与红灯线的最小距离一般为 2m。两个传感器的间距为 1m 或小于 1m，可安装在地感线圈的上方，所有数据由前轮采集，在车辆通过传感器移动 150mm 以前完成信号采集，信号采集与速度和车辆类型无关，可在交通流量高密度时使用，照相机控制器与红绿灯控制器相连，以便只在红灯时完成动作。

图 5.1.18　传感器电子抓拍应用

用两个传感器确定车辆到达停车线前的车速，如果红灯已亮并且车速大于预置值，就会自动拍下第一张照片。第一张照片证明红灯已亮，而且车辆在红灯亮时未超越停车线，并可证明车速及已亮红灯的时间。第二张照片根据车速在第一次拍照后一定的时间内拍出，一般来说为 1～2s。第二张照片证明事实上车辆越了停车线进入交叉路口并闯了红灯。

4. 车速检测

通常在每条车道上安装两个传感器，这便于分别采集每条车道的数据。使用两个传感器可计算出车辆的速度。当轮胎经过传感器 A 时，电子时钟启动，当轮胎经过传感器 B 时，电子时钟停止。两个传感器之间的距离一般是 3m，或比 3m 短一些（可根据需要确定）。传感器之间的距离已知，将两个传感器之间的距离除以两个传感器信号的时间周期，就可得出车速。根据德国 PTB 的报告，在汽车以 200km/h 的匀速行驶时，测量精度可达到 1%，使用效果如图 5.1.19 所示。

图 5.1.19　车速检测传感器

任务考核

（1）通过网络查询一款未罗列出来的力学量传感器，填写表 5.1.1。

表 5.1.1　力学量传感器型号及性能比较图

型号	分类	功能	优点	价格

（2）整理一款力学量传感器，填写任务报告，内容包括型号、封装、原理、电路图、应用领域及应用电路。

任务 2　力学量传感器的标定

任务描述

利用 THSRZ-1 传感器实训台进行力学量传感器的标定，为后续的传感器电路的设计与制作打下坚实的基础。

任务要求

（1）能够使用 THSRZ-1 传感器实训台；
（2）能够标定应变传感器的参数，并记录相关数据；
（3）能够实现应变传感器对压力的标定，并记录相关数据。

任务分析

（1）在了解相关传感器工作原理的基础上，了解检测目标；
（2）掌握 THSRZ-1 工作台的布局及各模块的使用方法；
（3）根据实训指导书完成相关实训内容的练习；
（4）记录数据，加以分析，填写实验报告。

任务实施

一、金属箔式应变片——单臂电桥性能实验

1. 实验目的

了解金属箔式应变片的应变效应，以及单臂电桥工作原理和性能。

2. 实验仪器

应变传感器实验模块、托盘、砝码、数显电压表、±15V 电源、±4V 电源、万用表（自备）。

3. 实验原理

电阻丝在外力作用下发生机械变形时，其电阻值发生变化，这就是电阻应变效应，描述电阻应变效应的关系式为 $\Delta R/R=K\varepsilon$，式中 $\Delta R/R$ 为电阻丝电阻值的相对变化，K 为应变灵敏系数，$\varepsilon=\Delta l/l$ 为电阻丝长度的相对变化。金属箔式应变片就是通过光刻、腐蚀等工艺制成的应变敏感组件。如图 5.1.20 所示，四个金属箔式应变片分别贴在弹性体的上下两侧，弹性体受到压力后发生形变，应变片随弹性体形变被拉伸，或被压缩。

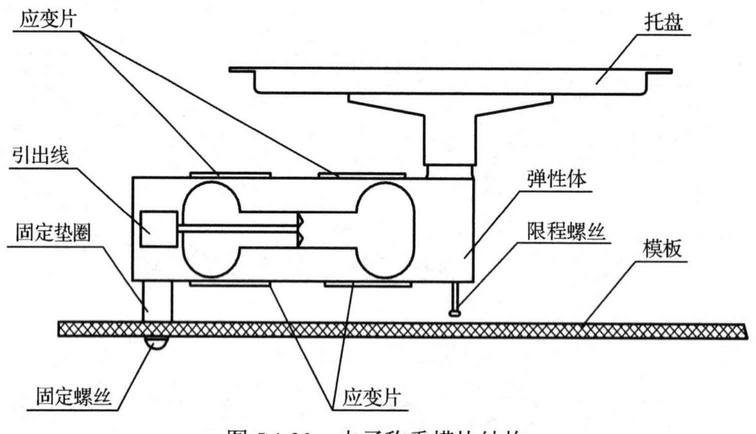

图 5.1.20　电子称重模块结构

通过这些应变片转换被测部位受力状态变化、通过电桥将其转换为电量的变化。如图 5.1.21 所示，R_5、R_6、R_7 为固定电阻，与应变片一起构成一个单臂电桥，其输出电压为

$$U_o=\frac{E}{4}\cdot\frac{\Delta R/R}{1+\frac{1}{2}\cdot\frac{\Delta R}{R}} \tag{5.4}$$

E 为电桥电源电压，R 为固定电阻值，式（5.4）表明单臂电桥输出为非线性，非线性误差为

$$L=-\frac{1}{2}\cdot\frac{\Delta R}{R}\cdot 100\% \tag{5.5}$$

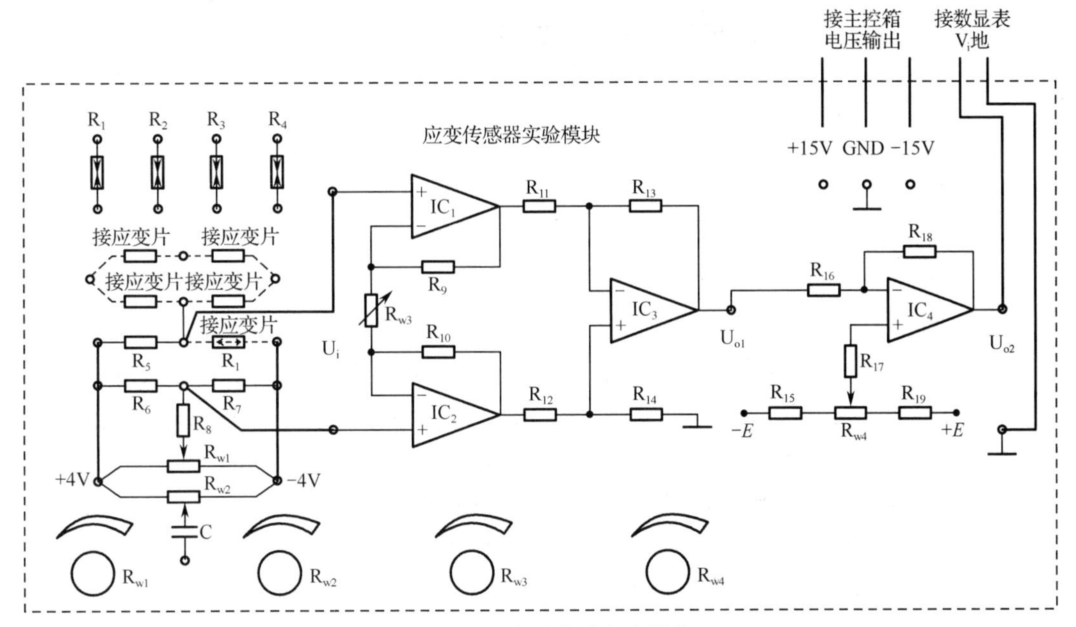

图 5.1.21　电子称重电路模块

4．实验内容与步骤

（1）应变传感器上的各应变片已分别接到应变传感器模块左上方的 R_1、R_2、R_3、R_4 上，可用万用表测量判别，$R_1=R_2=R_3=R_4=350\Omega$。

（2）差动放大器调零。从主控台接入±15V 电源，检查无误后，合上主控台电源开关，将差动放大器的输入端 U_i 短接并与地短接，输出端 U_{o2} 接数显电压表（选择 2V 挡）。将电位器 R_{w3} 调到增益最大位置（顺时针转到底），调节电位器 R_{w4} 使电压表显示为零。关闭主控台电源。R_{w3}、R_{w4} 的位置确定后不能改动。

（3）按图 5.1.21 连线，将应变传感器的其中一个应变电阻（如 R_1）接入电桥与 R_5、R_6、R_7 构成一个单臂直流电桥。

（4）加托盘后将电桥调零。电桥输出端接到差动放大器的输入端 U_i，检查接线无误后，合上主控台电源开关，预热 5min，调节 R_{w1} 使电压表显示为零。

（5）在应变传感器托盘上放置一只砝码，读取数显表数值，依次增加砝码和读取相应的数显表数值，直到 200g 砝码加完，记下实验结果，填入表 5.1.2，关闭电源。

表 5.1.2　质量与电压测量表

质量/g									
电压/mV									

5．实验报告

根据表 5.1.2 计算系统灵敏度 $S=\Delta U/\Delta W$（ΔU 为输出电压变化量，ΔW 为质量变化量）。

6．注意事项

加在应变传感器上的压力不应过大，以免造成应变传感器的损坏。

二、扩散硅压阻式压力传感器的压力测量实验

1. 实验目的

了解扩散硅压阻式压力传感器测量压力的原理与方法。

2. 实验仪器

压力传感器模块、温度传感器模块、数显单元、直流稳压源（+5V、±15V）。

3. 实验原理

在具有压阻效应的半导体材料上用扩散或离子注入法制成 4 个阻值相等的电阻条，并将它们连接成惠斯通电桥，电桥电源端和输出端引出，用制造集成电路的方法封装起来，制成扩散硅压阻式压力传感器。平时敏感芯片没有外加压力作用，内部电桥处于平衡状态，当传感器受压后，芯片电阻发生变化，电桥将失去平衡，给电桥加一个恒定电压源，电桥将输出与压力对应的电压信号，传感器的电阻变化通过电桥转换成压力信号输出。

扩散硅压阻式压力传感器测量原理如图 5.1.22 所示，MPX10 有 4 个引脚，1 号引脚接地，2 号引脚接 U_o+，3 号引脚接+5V 电源，4 号引脚接 U_o−；气室 2 的压强为 P_2，气室 1 的压强为 P_1，当 $P_1>P_2$ 时，输出为正；当 $P_1<P_2$ 时，输出为负。

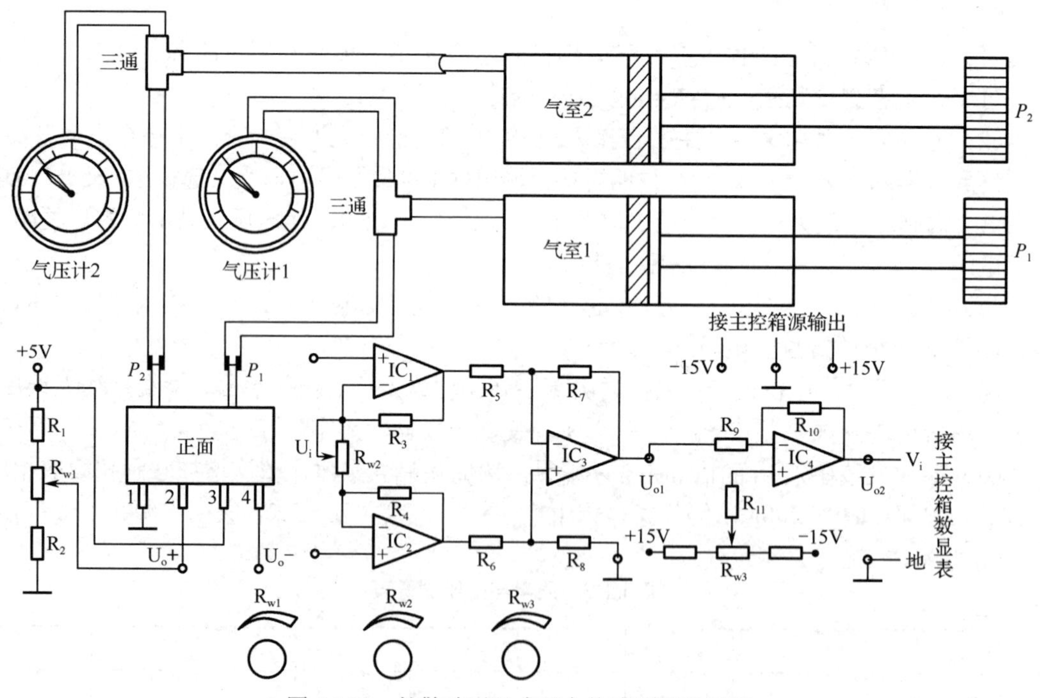

图 5.1.22 扩散硅压阻式压力传感器测量原理

4. 实验内容与步骤

（1）接入+5V、±15V 直流稳压电源，模块输出端 U_{o2} 接控制台上数显直流电压表，选择 20V 挡，打开实验台总电源。

（2）调节 R_{w2} 到适当位置并保持不动，用导线将差动放大器的输入端 U_i 短路，然后调

节 R_{w3} 使直流电压表 200mV 挡显示为零，取下短路导线。

（3）气室 1、2 的两个活塞退回到刻度“17”的小孔后，使两个气室的压强相对大气压强均为 0，气压计指在“0”刻度处，将 MPX10 的输出端接到差动放大器的输入端 U_i，调节 R_{w1} 使直流电压表 200mV 挡显示为零。

（4）保持负压输入 P_2 的值 0MPa 不变，增大正压输入 P_1 的值至 0.01MPa，然后继续增大，并每隔 0.005MPa 记下模块输出端 U_{o2} 的电压值，直到 P_1=0.095MPa，将气体压强差 P（$P=P_1-P_2$）和电压 U_{o2} 的值填入表 5.1.3。

表 5.1.3　P_2=0MPa，气体压强差与电压测量值表 1

气体压强差 P/kPa									
电压 U_{o2}/V									

（5）保持正压输入 P_1 的值 0.095MPa 不变，增大负压输入 P_2 的值至 0.01MPa，然后继续增大，并每隔 0.005MPa 记下模块输出端 U_{o2} 的电压值，直到 P_2=0.095MPa，将气体压强差 P（$P=P_1-P_2$）和电压 U_{o2} 的值填入表 5.1.4。

表 5.1.4　P_1=0.095MPa，气体压强差与电压测量值表 2

气体压强差 P/kPa									
电压 U_{o2}/V									

（6）保持负压输入 P_2 的值 0.095MPa 不变，减小正压输入 P_1 的值，每隔 0.005MPa 记下模块输出端 U_{o2} 的电压值，直到 P_1=0.005MPa，将气体压强差 P（$P=P_1-P_2$）和电压 U_{o2} 的值填入表 5.1.5。

表 5.1.5　P_2=0.095MPa，气体压强差与电压测量值表 3

气体压强差 P/kPa									
电压 U_{o2}/V									

（7）保持负压输入 P_1 的值 0MPa 不变，减小正压输入 P_2 的值，每隔 0.005MPa 记下模块输出端 U_{o2} 的电压值，直到 P_2=0.005MPa，将气体压强差 P（$P=P_1-P_2$）和电压 U_{o2} 的值填入表 5.1.6。

表 5.1.6　P_1=0MPa，气体压强差与电压测量值表 4

气体压强差 P/kPa									
电压 U_{o2}/V									

5．实验报告

根据表 5.1.3～表 5.1.6 所得数据，绘制压力传感器的气体压强差—电压曲线，并计算灵敏度 $L=\Delta U/\Delta P$。

任务考核 ◎

（1）完成实验项目，填写实训报告。

（2）能够熟练使用操作台，完成相应的实训任务。

驱动型项目　简易压力显示器电路设计与调试

> ➢ **项目描述**：利用力学量传感器对应力的检测，设计并制作一款能够应用于日常生活的简易压力显示器，实现学以致用的教学目标。
>
> ➢ **知识要点**：压力检测控制电路的设计；
> LM3914 集成电路作显示控制。
>
> ➢ **技能要点**：能够焊接和调试应变传感器组成的压力显示器电路；
> 能够测试压力应变的参数，实现较为准确的指示功能。

任务描述

利用 10 个 LED（发光二极管）作为输入端电平变化的显示，既醒目、直观，又方便、实用。可以通过探头和处理电路实现温度控制和显示，用于烘箱、冰箱、空调、热塑封机等设备。

任务要求

（1）能够选择合适的传感器检测压力；

（2）采用直流电源供电，根据压力大小点亮相应 LED;

（3）能够动手制作压力显示器电路，并测试参数。

任务分析

压力显示器电路如图 5.2.1 所示，由电源部分、压力检测部分和数据显示部分构成。其中核心电路采用了 LM3914 集成电路作显示控制，它既可以直接驱动 10 个 LED（D1～D10）作条状显示，也可以实现点状显示。LM3914 集成电路内部含有 10 个相同的电压比较器，它们的输出端可以直接驱动 LED。

任务实施

一、准备阶段

需要的传感器为薄膜压力传感器，主要的元器件有稳压芯片 LM7805，集成电路 LM3914，其余元器件为通用元器件，元器件清单如表 5.2.1 所示。

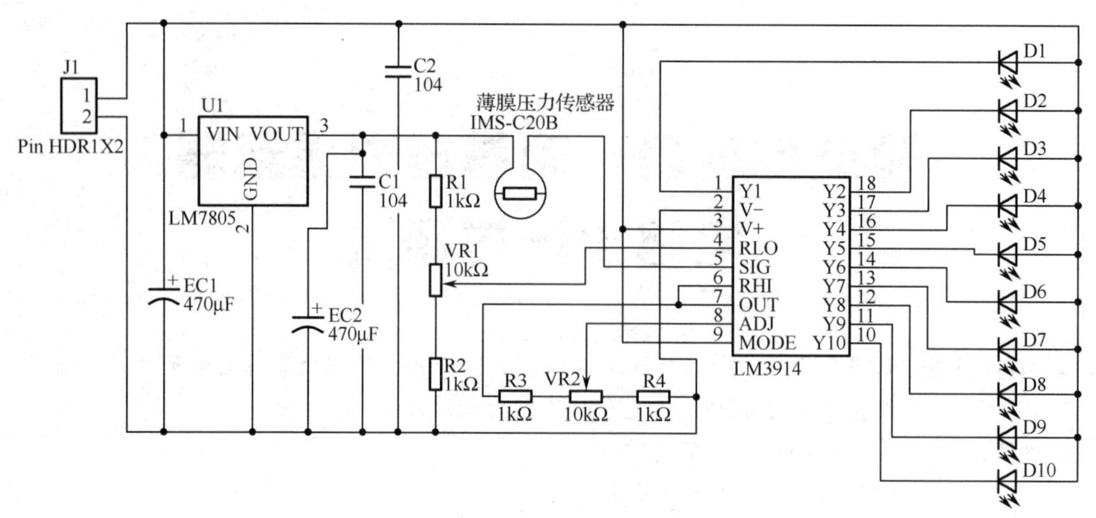

图 5.2.1　压力显示器电路

表 5.2.1　压力显示器电路元器件清单

元　器　件	描　　述	标　　号	封　　装	库	数量
104	无极性电容	C1，C2	RAD-0.2	CAP	2
5MM 红色 LED	LED	D1，D2，D3，D4，D5，D6，D7，D8，D9，D10	LED3-RED	LED	10
470μF	直插电解电容	EC1，EC2	DIP-EC2.5X5X11	DIP_ECAP	2
薄膜压力传感器	薄膜压力传感器	RXD2027	IMS-C20B	IMS-C20B	1
Pin HDR1X2	插针	J1	Pin HDR1X2/2.54mm-S	Pin HDR1X2	1
LM3914	LED 条形图显示驱动器	LM3914	DIP18_SS	LM3914	1
1kΩ	电阻	R1，R2，R3，R4	AXIAL0.3	RES	4
LM7805	稳压电源	U1	TO220A	LM7805	1
10kΩ	可调电阻	VR1，VR2	微调卧式蓝白电位器	RESVR	2

二、核心元器件

1．点/条显示驱动集成电路 LM3914

LM3914 是美国 NS 公司研制的点/条显示驱动集成电路，内部电路结构如图 5.2.2 所示。LM3914 内含输入缓冲器、10 级精密电压比较器、1.25V 基准电压源及点/条显示方式选择电路等。10 级精密电压比较器的同相输入端与电阻分压器相连，电阻分压器由 10 只 1kΩ 精密电阻串联组成。

LM3914 引脚图如图 5.2.3 所示，其相关功能介绍如下：1 号引脚接 LED 负极；2 号引脚接地；3 号引脚接正电源；4 号引脚设定 LED 最低亮度；5 号引脚输入信号；6 号引脚设定 LED 最高亮度；7 号引脚输出基准电压；8 号引脚设定基准电压；9 号引脚设定模式；10～18 号引脚接 LED 负极。

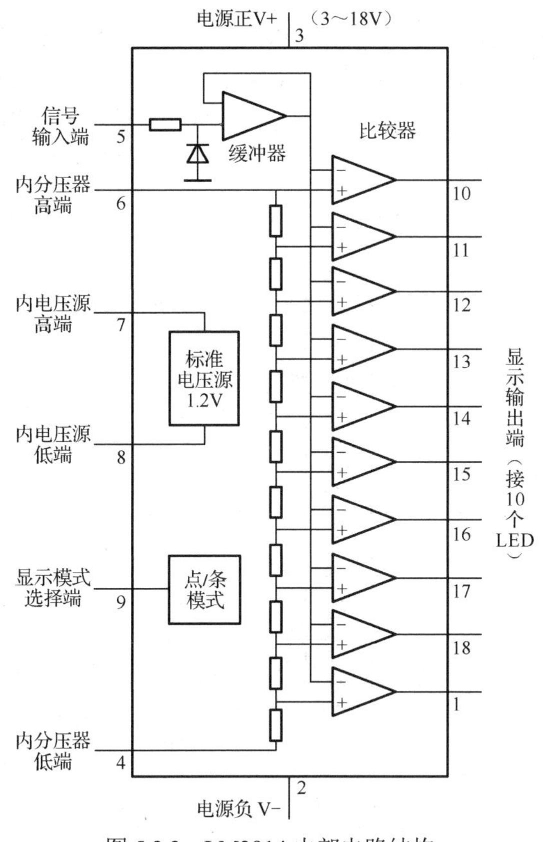

图 5.2.2　LM3914 内部电路结构

LED1	1	18	LED2
GND	2	17	LED3
VCC	3	16	LED4
DIVL	4	15	LED5
SIGIN	5	14	LED6
DIVH	6	13	LED7
REFOUT	7	12	LED8
REFADJ	8	11	LED9
MS	9	10	LED10

LM3914

图 5.2.3　LM3914 引脚图

LM3914 内部标准电压源输出电压约为 5V，即在 7 号引脚和 8 号引脚之间维持一个 5V 的基准电压 V_{REF}，该基准可以直接给内部分压器使用，这样当 SIGIN（5 号引脚）输入一个 0～5V 电压时，通过比较器即可点亮 0～10 个 LED。

LM3914 是 10 位 LED 驱动器，它可以把输入模拟量转换为输出数字量，驱动 10 位 LED 来进行点显示或柱显示。

图 5.2.2 中各电阻的阻值均为 47kΩ，这是为了保证在电源 12V 供电时，5 号引脚输入电压不会超出范围。

图 5.2.4 所示的电平显示电路实际就是一个 10 位 LED 显示、分辨率为 0.125V、最大量程为 1.25V 的 10 级线性电压表，其使用灵活，显示直观。

如图 5.2.4 所示，将 9 号引脚悬空或与 11 号引脚相连，设定为点状显示，这样比较省电。分压器就用内部基准电压源，6 号引脚与 7 号引脚相连，4 号引脚与 8 号引脚相连并接地，则分压器每个 1kΩ电阻上的压降为 0.125V，因此最下面的比较器 1 同相输入端的电位为 0.125V，比较器 2 同相输入端电位为 0.25V，依此类推，最上面的比较器 10 基准电压设定为 1.25V。当 5 号引脚输入电压小于 0.125V 时，10 个 LED 都不发光，当输入电压大于 0.125V 但小于 0.25V 时，比较器 1 反相输入端电位高于同相输入端，则比较器 1 输出低电位， D1 发光；当输入电压大于 0.25V 但小于 0.375V 时，D2 发光；依此类推，当输入 1.25V 电压时，D10 发光。以上是用 10 个 LED 作 0～1.25V 十级显示，每级 0.125V，若输入的电压 U_o 大于 1.25V，可增加一只电位器，从滑动触头取得 1.25V 电压，同样进行 0～U_o 的 10

级显示，也可以将 6 号引脚、4 号引脚外接电压源。例如，若将 6 号引脚外接 10V 标准电压源，4 号引脚接地，可以作 0～10V 10 级显示的电压表，若将 6 号引脚接 10V，4 号引脚接 5V 电压，则可以作一个 5～10V 显示的电压表，每级 0.5V，设置非常灵活。但使用时应该注意 6 号引脚电压至少比 3 号引脚的电压低 2V。

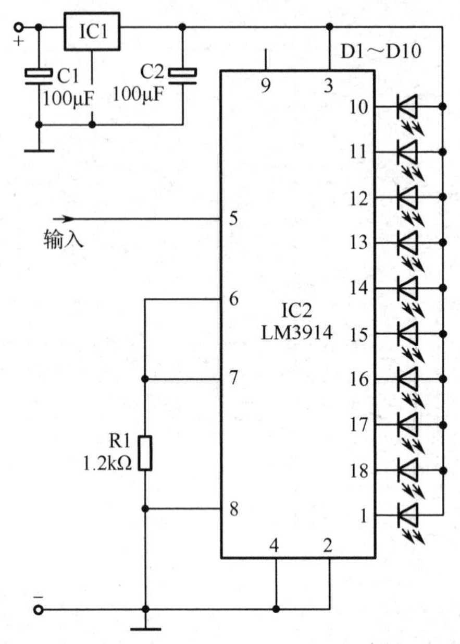

图 5.2.4　LM3914 10 位 LED 电平显示电路

2．薄膜压力传感器 RXD2027

RXD2027 是通过精密印刷工艺，将纳米力敏材料、银浆等材料转移到柔性薄膜基材上，经干燥固化制作而成的，其外形和结构分别如图 5.2.5 和图 5.2.6 所示。传感器在受到压力时，电阻随压力增大而减小，其压阻特性表现为电阻与压力呈幂次方函数关系，电阻倒数与压力近似线性关系，只需要万用表即可测出传感器的基本特性，也可以通过软硬件对数据进行处理转换，测试相应压力值。压力与电阻的关系如图 5.2.7 所示，压力与电阻倒数的关系如图 5.2.8 所示。官方推荐 PCB 布局图和官方推荐电路图分别如图 5.2.9 和图 5.2.10 所示。RXD2027 的电气参数如表 5.2.2 所示。

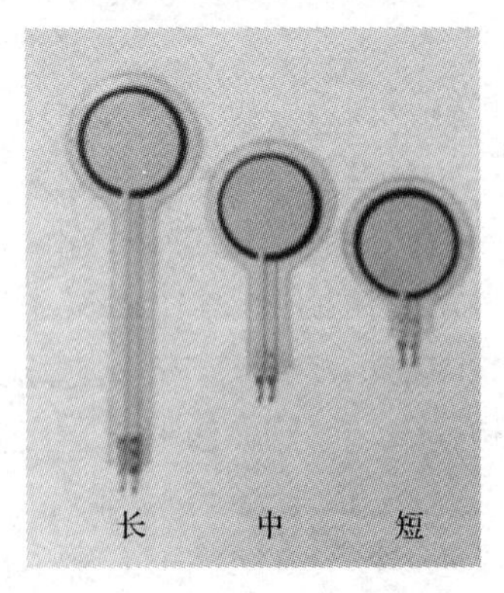

图 5.2.5　RXD2027 的外形

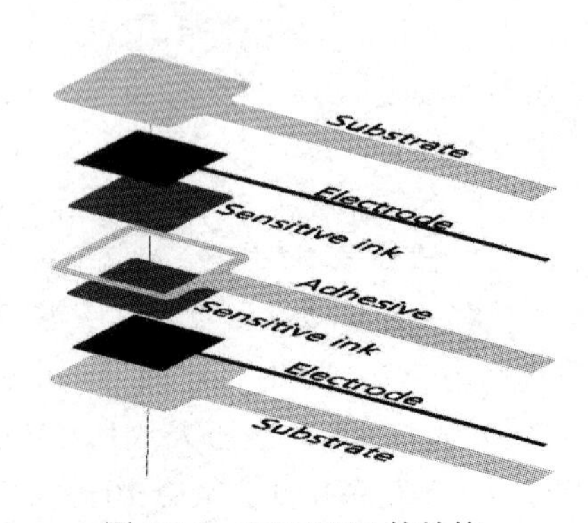

图 5.2.6　RXD2027 的结构

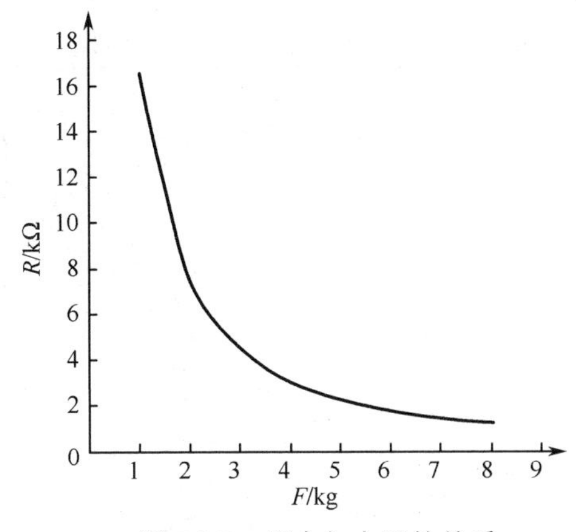

图 5.2.7　压力与电阻的关系

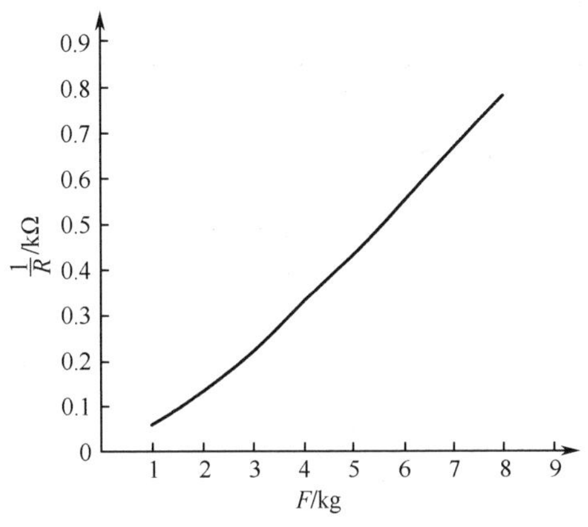

图 5.2.8　压力与电阻倒数的关系

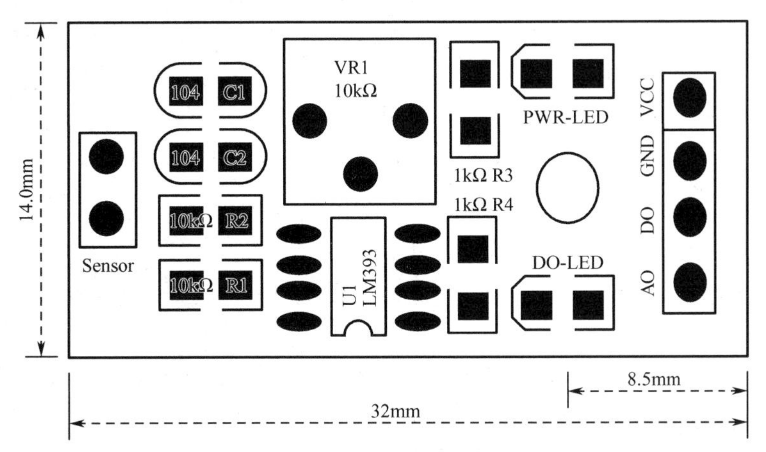

图 5.2.9　官方推荐 PCB 布局图

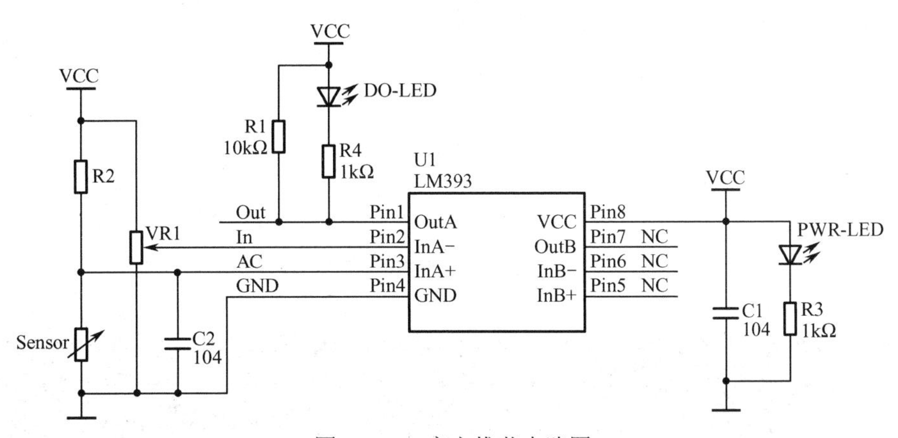

图 5.2.10　官方推荐电路图

表 5.2.2　RXD2027 的电气参数

参　数	数　值	单　位	备　注
静态电阻	>10	MΩ	与量程有关
感知触发	量程*2%	kg	压力仅作用感应区

续表

参　　数	数　　值	单　　位	备　　注
稳定测量	量程*10%	kg	压力仅作用感应区
迟滞性	<5	%	物理属性
漂移	<6	%	物理属性
工作电压	3～5	V	视情况而定
工作温度	-50～50	℃	高温导致漂移
工作湿度	0～95	%	湿度影响较小
响应时间	<20	ms	物理属性
数值稳定时间	<5	s	聚合物物理属性
电磁干扰	0	—	物理属性
静电释放	0	—	物理属性
实用寿命	>50 万	次	正向压力循环测试

三、制作步骤

（1）各元器件按照图纸的指定位置孔距插装、焊接。

（2）电阻插装焊接：卧式电阻应紧贴电路板插装焊接，立式电阻应在离电路板 1～2mm 处插装焊接。

（3）电容插装焊接：陶瓷电容应在离电路板 4～6mm 处插装焊接，电解电容应在离电路板 1～2mm 处焊接。

（4）二极管插装焊接：卧式二极管应在离电路板 3～5mm 处插装焊接，立式二极管应在离电路板 1～2mm（塑封）和 2～3mm（玻璃封）处插装焊接。

（5）集成电路插装焊接：集成电路应紧贴电路板插装焊接。

（6）电位器插装焊接：电位器应按照图纸要求方向紧贴电路板插装焊接。

四、电路的布局及测试

根据图 5.2.1、图 5.2.11 和表 5.2.1，进行焊接和测试，最终效果图应该如图 5.2.12 所示。

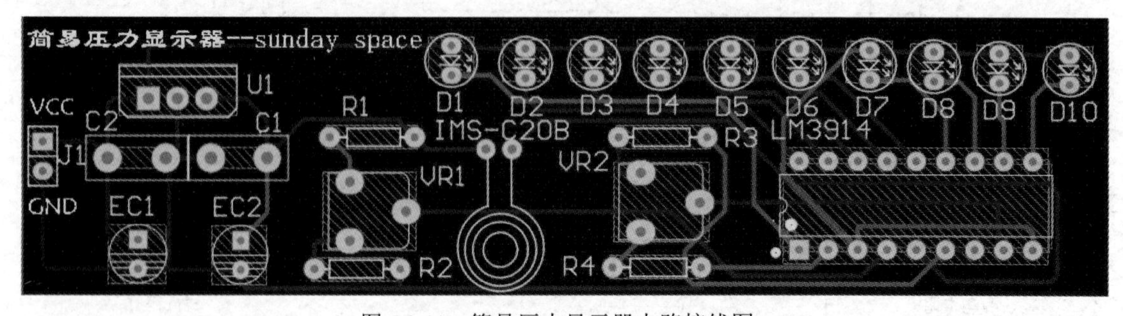

图 5.2.11　简易压力显示器电路接线图

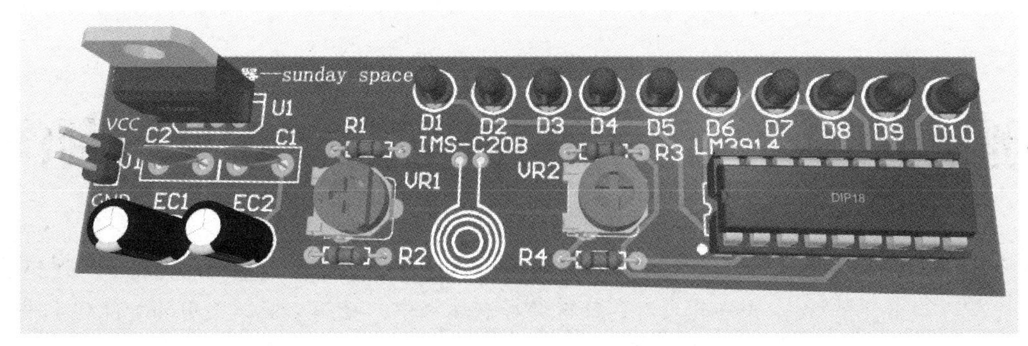

图 5.2.12　简易压力显示器焊接电路

焊接的时候，采用“从左向右，逐步焊接，逐步测试”原则。首先焊接 LM7805 电源部分，接着焊接薄膜压力传感器元件，再焊接 LM3914 集成电路及 LED。

五、元器件的焊接

在焊接元器件时，要注意合理布局，先焊接小元器件，后焊接大元器件，防止小元器件插接后掉下来的现象。焊接完成后先自查元器件焊接的质量。观察焊接引脚的正确性，如果有问题，则在修改完成确认无误后再通电测试。

任务考核

独立完成任务的制作。

创新型项目　超声波倒车雷达的设计与制作

> ➢ **项目描述：**将超声波传感器与单片机相结合，构建一个智能控制系统，实现多种逻辑控制模式，并将其应用到日常的控制技术中，提高工业、民用的智能化水平。
>
> ➢ **知识要点：**了解超声波传感器模块的电路；
> 掌握单片机最小系统的构成；
> 掌握单片机C语言的编程及下载方法。
>
> ➢ **技能要点：**掌握超声波控制系统编程方法；
> 能够实现超声波倒车雷达自动控制系统的创新设计。

任务描述

传感器与STC89C51单片机相结合能够极大地拓展传感器的应用领域，在自动化控制领域有着极大的应用前景。通过超声波传感器获取距离信息，将这个值与设定参数进行比较，当满足一定条件时，实现蜂鸣器报警和指示灯显示。同时，为了便于观察，在液晶屏上显示相关参数。

任务要求

（1）设计完善超声测距仪控制电路并编写相关程序；

（2）制作超声测距仪电路板；

（3）安装前后面板及内部电路；

（4）调试整机使其达到规定的技术指标。

任务分析

超声波倒车雷达硬件结构图如图5.3.1所示，采用以STC89C51单片机为核心的最小系统作为控制核心，采用LCD1602液晶屏作为显示模块，将超声波传感器连接到核心板超声波传感器模块接口（P8、P14）上，单片机使用P2.3和P2.4引脚进行信号采集和控制。利用超声波传感器模块对障碍物距离进行检测，检测结果送入单片机中，在测量范围内获取测量距离，在超出测量范围后，发出报警指示。

通过编写初始程序，对LCD1602液晶屏进行初始化并在液晶屏上显示字符串，启动超声波传感器模块，计时器开始计时，当接收到反馈信号时，计时器关闭。计时器计时时间为超声波在超声波传感器和障碍物之间传递的时间，再根据声音在空气中传播的速度，计算出超声波传感器与障碍物之间的距离。超声波倒车雷达程序流程图如图5.3.2所示。

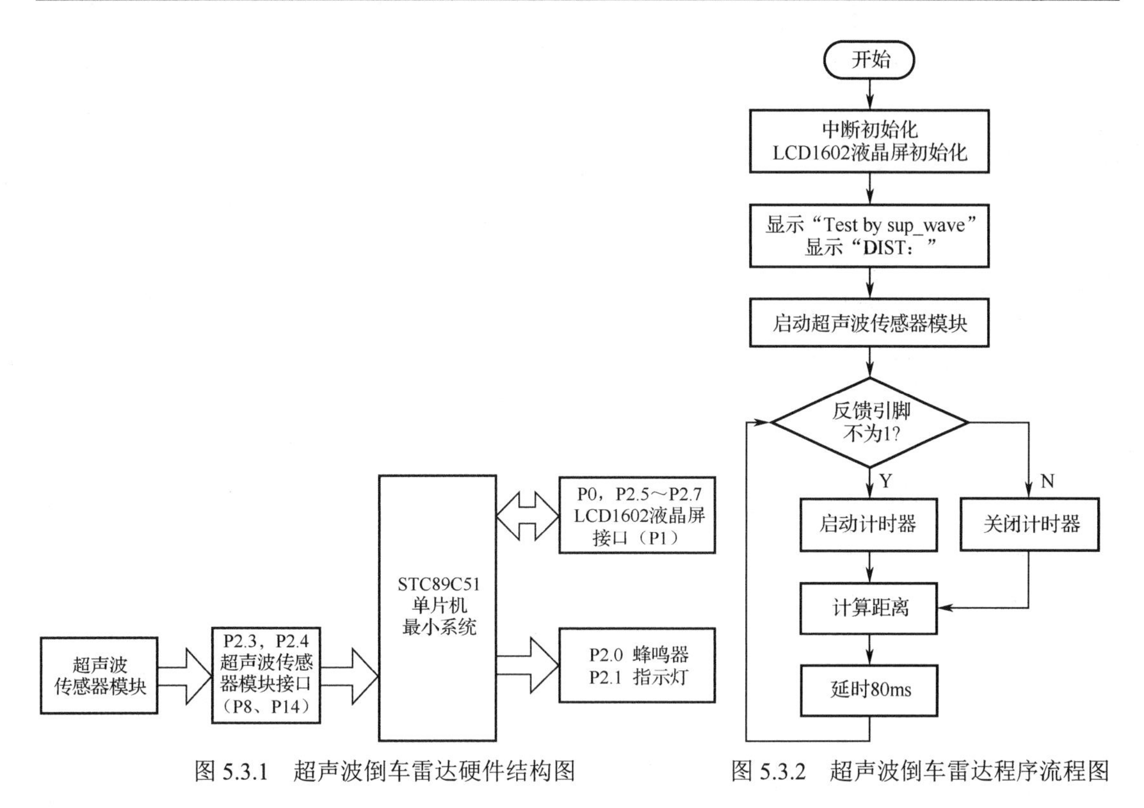

图 5.3.1　超声波倒车雷达硬件结构图　　　图 5.3.2　超声波倒车雷达程序流程图

任务实施

一、模块测试与分析

1．传感器模块的焊接与测试

HC-SR04 超声波测距模块如图 5.3.3 所示，可提供 2～450cm 的非接触式距离感测功能，测距精度可高达 3mm；该模块包括超声波接收器、发射器与控制电路，采用 I/O 口 Trig 触发测距，给至少 10μs 的高电平信号，模块自动发送 8 个 40kHz 的方波，自动检测是否有信号返回。当有信号返回时，通过 I/O 口 Echo 输出一个高电平，高电平持续的时间是超声波从发射到返回的时间。HC-SR04 超声波测距模块电路如图 5.3.4 所示。

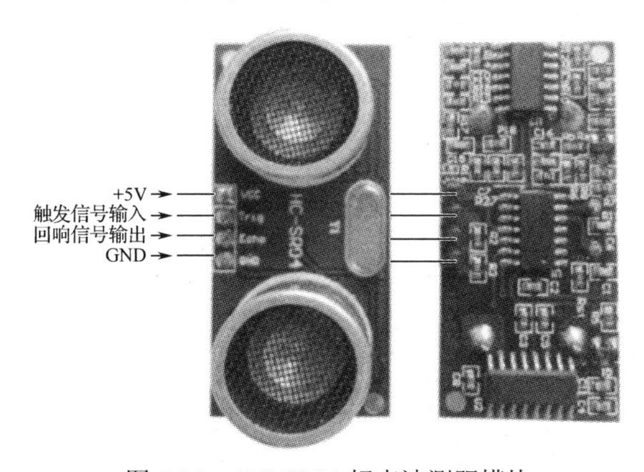

图 5.3.3　HC-SR04 超声波测距模块

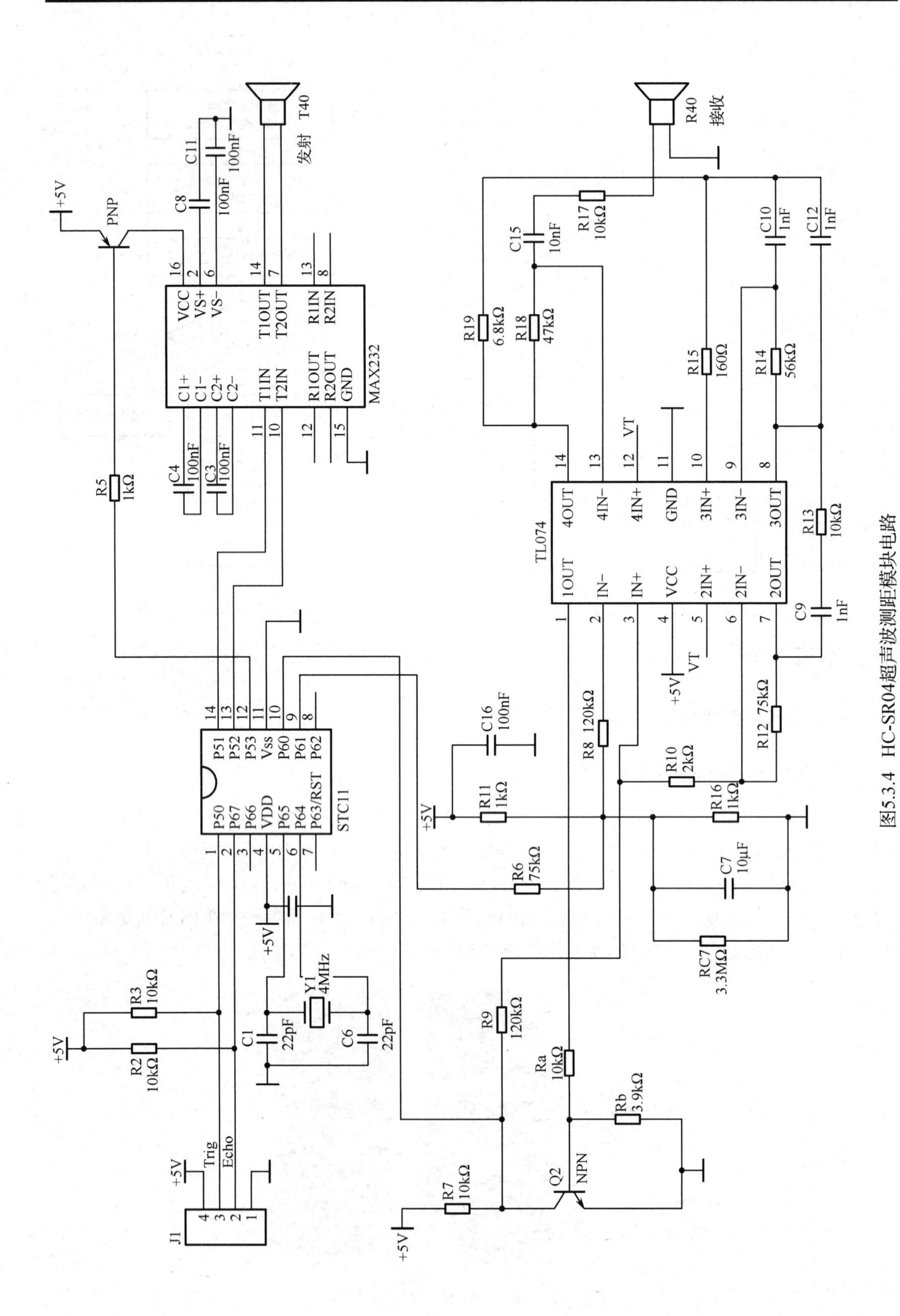

图5.3.4 HC-SR04超声波测距模块电路

使用注意事项：此模块不宜带电连接，若要带电连接，则先让模块的 GND 端先连接，否则会影响模块的正常工作；测距时，被测物体的面积不少于 $0.5m^2$ 且平面尽量要求平整，否则会影响测量的结果。

2．超声波传感器特性分析

超声波传感器是利用压电晶体的谐振工作的。超声波传感器的内部有两个压电晶片和一个共振板，对超声波发射器的两极施加脉冲信号，当其频率等于压电晶片的固有振荡频率时，压电晶片将发生共振，并带动共振板振动，便产生超声波；反之，如果两电极间未施加电压，当共振板接收到回波时，迫使压电晶片振动，将机械能转换为电信号，这时，就成为超声波接收器了。超声波探头内外部结构如图 5.3.5 所示。

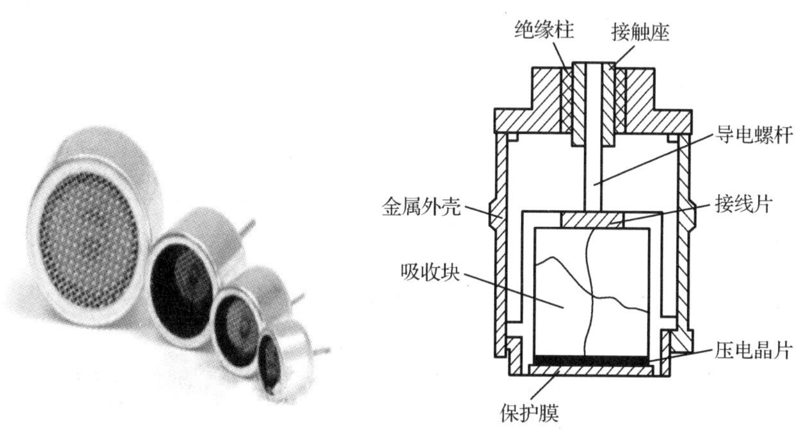

图 5.3.5　超声波探头内外部结构

1）工作原理

由于圆形压电晶片的结构特点，超声波发射器发射出去的超声波具有一定的指向性，波束的截面类似椭圆形，因此探测的范围有一定限度，水平面的探测角度为 120°，垂直面的探测角度为 60°，超声波探头探索范围如图 5.3.6 所示。

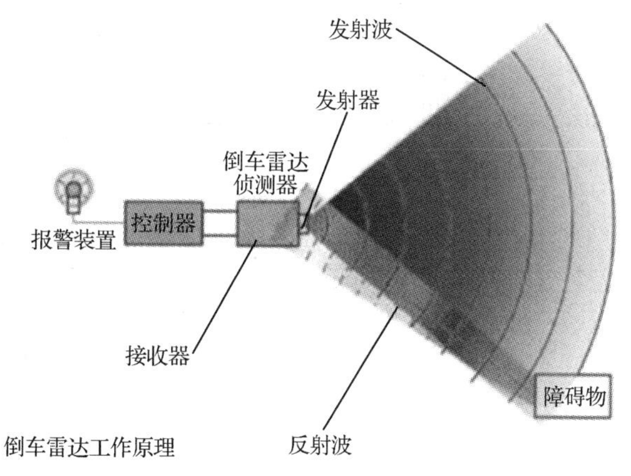

图 5.3.6　超声波探头探索范围

2）电气参数

HC-SR04 超声波测距模块电气参数如表 5.3.1 所示。

表 5.3.1　HC-SR04 超声波测距模块电气参数

电 气 参 数	HC-SR04
工作电压	DC 5V
工作电流	15mA
工作频率	40kHz
最远射程	4m
最近射程	2cm
测量角度	15°
输入触发信号	10μs 的 TTL 脉冲
输出回响信号	输出 TTL 电平信号，与射程成比例
规格尺寸	45mm×20mm×15mm

3）时序图

由表 5.3.1 和图 5.3.7 可知，提供一个 10μs 以上脉冲触发信号，该模块内部将发出 8 个 40kHz 周期电平并检测回波。一旦检测到有回波信号则输出回响信号。

回响信号的脉冲宽度与所测的距离成正比。由此通过发射信号到收到的回响信号时间间隔可以计算得到距离。

距离=高电平时间×声速（340m/s）/2

建议测量周期在 60ms 以上，以防发射信号对回响信号的影响。

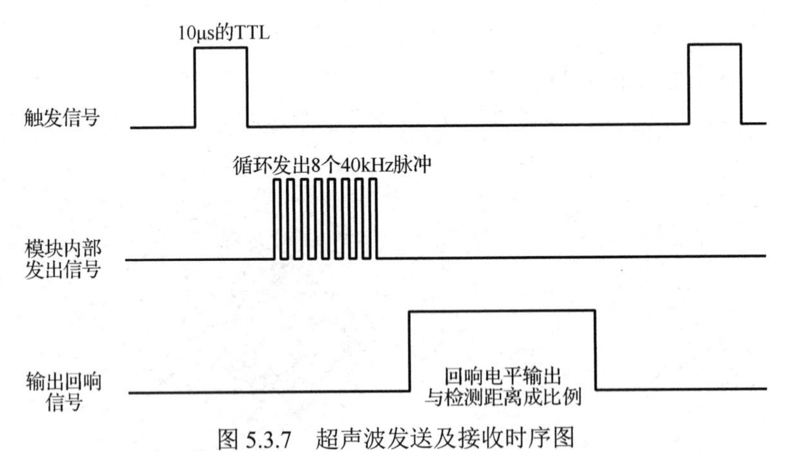

图 5.3.7　超声波发送及接收时序图

二、电路与编程

1．硬件焊接

硬件按照图 5.3.8（a）～（c）的顺序焊接。

① 将超声波探头和四脚弯针焊接到超声波传感器模块上；

② 将超声波传感器模块直接连接到开发板的超声波传感器模块接口 P14，或者采用排线将超声波传感器模块与开发板 P8 接口相连；

③ 接通电源；

④ 按下按键 S5，在超声波前方加挡板；

⑤ 屏幕显示挡板到开发板的距离；

⑥ 若距离超过量程，则指示灯点亮，蜂鸣器报警。

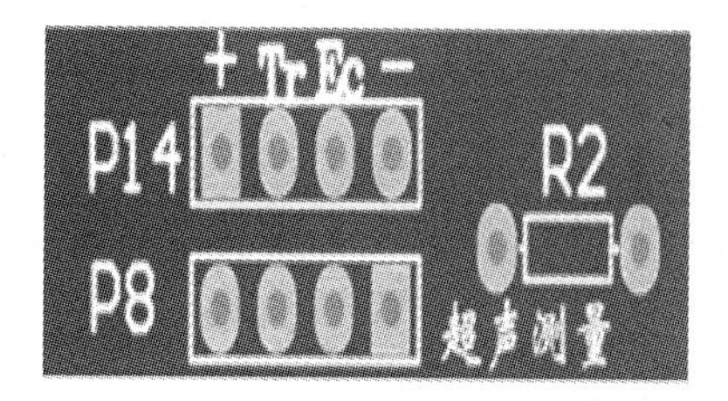

（a）超声波传感器模块接口

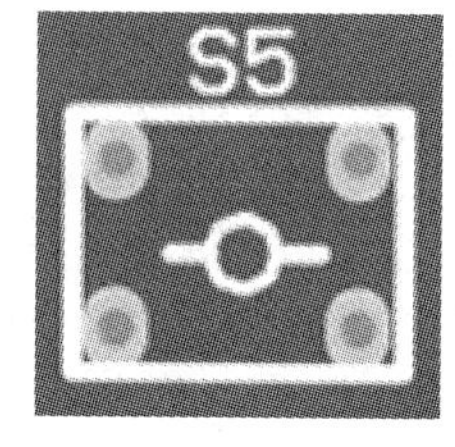

（b）按键 S5

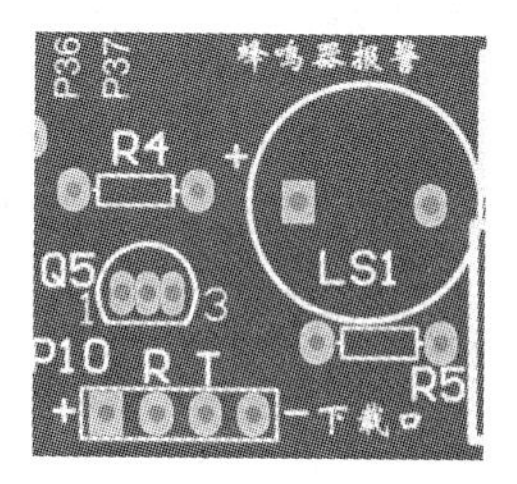

（c）蜂鸣器和指示灯电路

图 5.3.8　倒车雷达硬件焊接示意图

图 5.3.8（a）为超声波传感器模块接口（P8、P14），直接连接到单片机的 P2.3、P2.4 引脚。图 5.3.8（b）为按键 S5，在内部完整程序中，通过该按键实现超声波传感器模块的信号检查与控制。图 5.3.8（c）为蜂鸣器和指示灯电路，通过程序加以控制。倒车雷达硬件焊接效果图如图 5.3.9 所示。

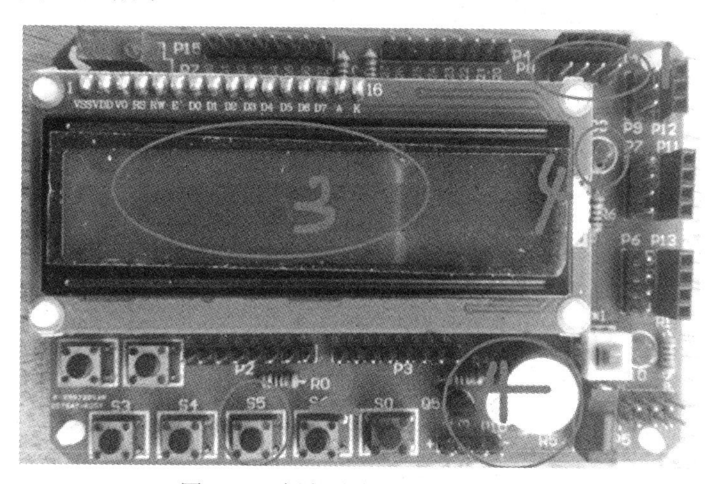

图 5.3.9　倒车雷达硬件焊接效果图

2. 软件编程

```
/*****************************************************************************
* 文件名：位移量的检测与控制——超声波探头传感器
* 描　述：实现位移检测与控制
* 创建人：天之苍狼，2018 年 9 月 1 日
* 版本号：SHD_JY_ 1.06
* 技术支持论坛：六安市双达电子科技有限公司、六安职业技术学院
*****************************************************************************
*    1.通过本例程了解压电晶体的工作原理，了解位移量的检测方法
```

```
*    2.了解掌握超声波电路的工作原理及对位移量的一般编程方法
*       ①将超声波探头和四脚弯针焊接到超声波传感器模块上
*       ②将超声波传感器模块直接连接到开发板的超声波传感器模块接口 P14，或者采用排线将超声
        波传感器模块与开发板 P8 接口相连
*       ③接通电源
*       ④按下按键 S5，在超声波前方加挡板
*       ⑤屏幕显示挡板到开发板的距离
*       ⑥距离超过 70cm，指示灯点亮，蜂鸣器报警
*    P0 口+ P2.5，P2.6，P2.7，为液晶 LCD1602 驱动引脚，P2.0 为蜂鸣器报警电路驱动引脚
*    P2.1 为 LED 指示灯电路驱动引脚，P3.5 为通用传感器接口的驱动引脚
*    P2.3 引脚接超声波传感器模块回响信号，P2.4 引脚接超声波传感器模块触发信号
* 注意：晶振为 12.000MHz，其他频率需要自己换算延时数值
*****************************************************************************/
#include <reg51.h>
#include <intrins.h>
#include "lcd1602.h"

sbit Warn_LED = P2^1;
sbit Warn_Buzzer = P2^0;

sbit   RX = P2^3;                          // Echo 接 P2.3 引脚，回响信号
sbit   TX = P2^4;                          // Trig 接 P2.4 引脚，触发信号

static unsigned char DisNum = 0;           //显示用指针
unsigned int   time=0;
unsigned long S=0;
bit          flag =0;
unsigned char disbuff[4]          ={ 0, 0, 0, 0, };
unsigned char code Cls[] =        {"                "};
unsigned char code ASCII[15] = {'0', '1', '2', '3', '4', '5', '6', '7', '8', '9', '.', '-', 'M'};

/*******************************************************/
void delayms(unsigned int ms)
{
        unsigned char i=100, j;
        for(;ms;ms--)
        {
                while(--i)
                {
                        j=10;
                        while(--j);
                }
        }
}

/*******************************************************/
```

```
void Conut(void)
    {
     time=TH0*256+TL0;
     TH0=0;
     TL0=0;

     S=(time*1.7)/100;                       //算出来的结果的单位是厘米
     if((S>=700)||flag==1)                   //超出测量范围显示“-”
     {
      flag=0;
      L1602_char(2, 7, ASCII[11]);
      L1602_char(2, 8, ASCII[10]);           //显示点
      L1602_char(2, 9, ASCII[11]);
      L1602_char(2, 10, ASCII[11]);
      L1602_char(2, 11, ASCII[12]);          //显示 M
      Warn_LED = 0;
   Warn_Buzzer = 0;
     }
     else
     {
      disbuff[0]=S%1000/100;
      disbuff[1]=S%1000%100/10;
      disbuff[2]=S%1000%10 %10;
      L1602_char(2, 7, ASCII[disbuff[0]]);
      L1602_char(2, 8, ASCII[10]);           //显示点
      L1602_char(2, 9, ASCII[disbuff[1]]);
      L1602_char(2, 10, ASCII[disbuff[2]]);
      L1602_char(2, 11, ASCII[12]);          //显示 M

      Warn_LED = 1;
   Warn_Buzzer = 1;
     }
     }

/*******************************************************************/
void   StartModule()                         //启动模块
  {
     TX=1;                                   //启动一次模块
     _nop_(); _nop_();  _nop_();  _nop_();   _nop_();   _nop_();   _nop_();
     _nop_(); _nop_();  _nop_();  _nop_();   _nop_();   _nop_();   _nop_();
     _nop_(); _nop_();  _nop_();  _nop_();   _nop_();   _nop_();   _nop_();
     TX=0;
  }

/***************************************************************
函数功能：主函数
```

```
****************************************************/
void main(void)
{
    L1602_init();
    L1602_string(1, 1, "Test by sup_wave");
    L1602_string(2, 1, "DIST:           ");
    while(1)
    {
        TMOD=0x01;                          //设置T0为方式1，GATE=1；
        TH0=0;
        TL0=0;
        ET0=1;                              //允许T0中断
        EA=1;                               //开启总中断

        StartModule();                      //启动模块
        // DisplayOneChar(0, 1, ASCII[0]);
        while(!RX);                         //RX为0时，等待
        TR0=1;                              //开启计数
        while(RX);                          //RX为1时，计数并等待
        TR0=0;                              //关闭计数
        Conut();                            //计算
        delayms(80);                        //80ms
    }
}


/****************************************************/
void zd0() interrupt 1                      //T0中断用来计数器溢出，超出测距范围
{
    flag=1;                                 //中断溢出标志
}
```

三、注意事项

（1）超声波传感器模块不可以通过独立测试，需要加触发信号；

（2）确保电路焊接无虚焊、短路等现象；

（3）将传感器与控制器的引脚连接合适。

任务考核

独立完成任务的制作。

附录 A　核心板电路原理图

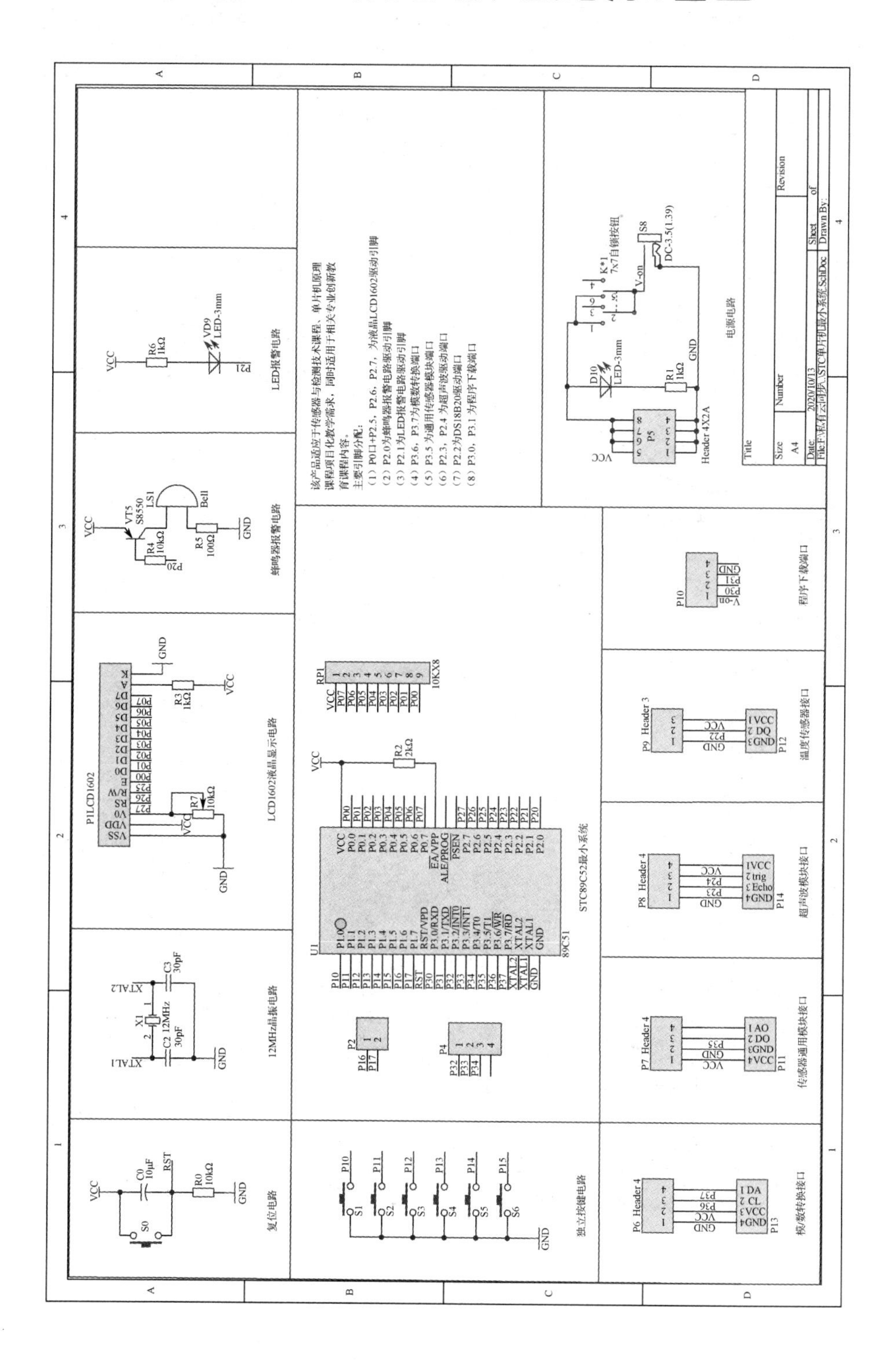

附录 B　核心板电路板图

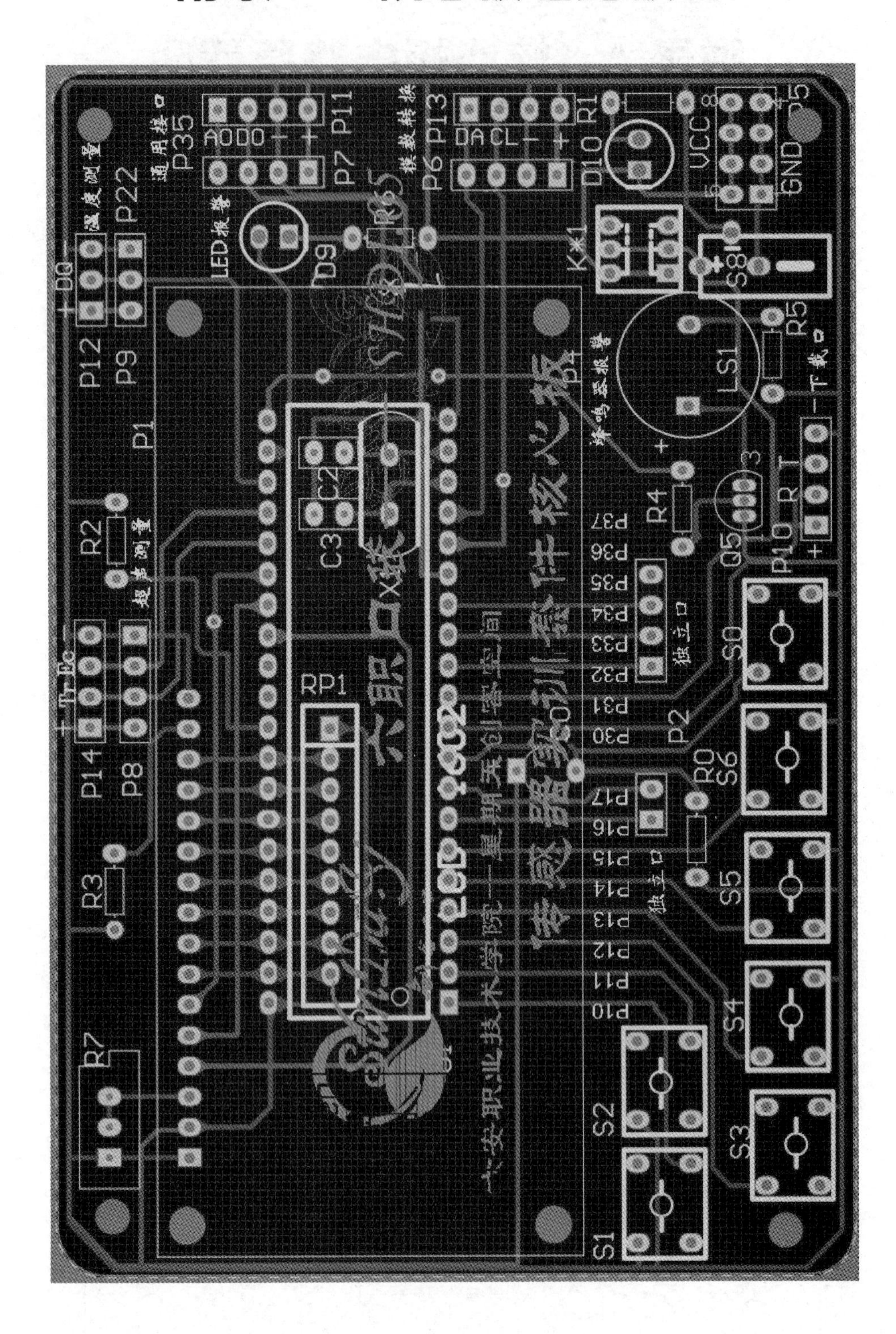

LCD 1602
RP1
C2
C3
P1
P2
P4
R1
R2
R3
R4
R5
R7
LS1
S0
S1
S2
S3
S4
S5
S6
S8
VCC
GND

"六职口袋"系列之

传感器与自动检测技术综合实训板

SHD_JY_1.05

气体检测

位移检测

光强度检测

模拟数字量检测

功能特点

小巧灵活---- 产品体积小，可装在"口袋"里随处学习，摆脱了实验室的束缚。

结构简单---- 采用开放式，模块化结构设计，有利于学生的控制系统项目设计和开发，有利于培养相关专业学生的创新意识和创新能力。

接口丰富---- 具有多种模块接口，且接口分为插座和插针，可实现多次开发。

适用范围广-- 可用于职教、高教中的"传感器技术与检测技术""工业自动化控制""单片机原理及应用""汽车电子技术"等课程的实验教学。

附录 C　模/数转换模块电路原理图、电路板图

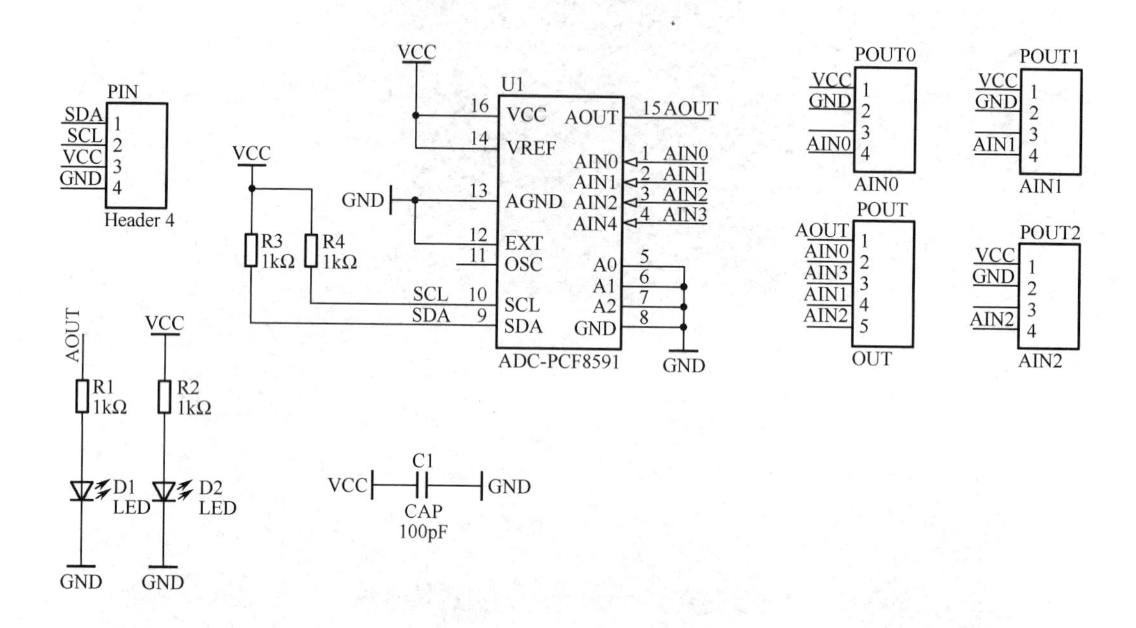

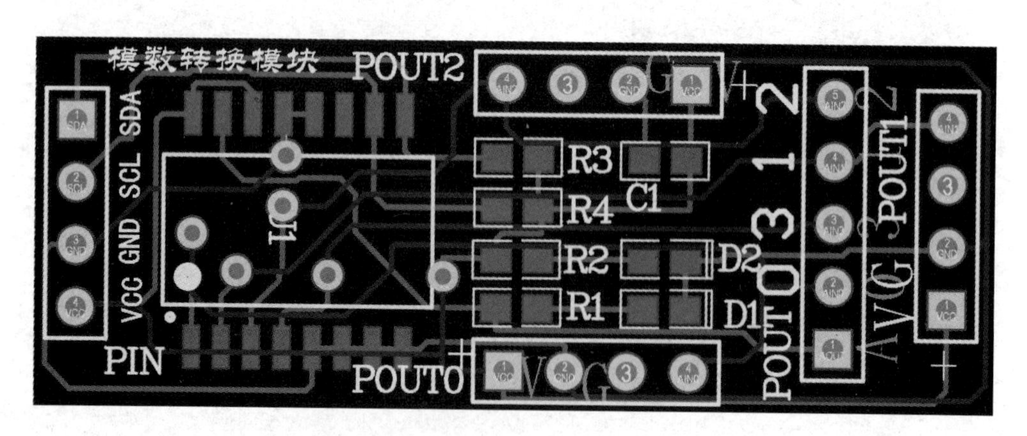

附录D　LM317可调直流电源电路原理图、电路板图、效果图

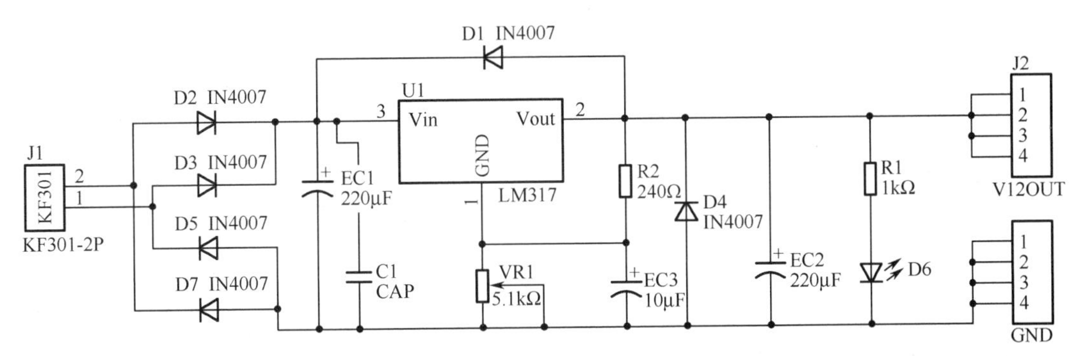

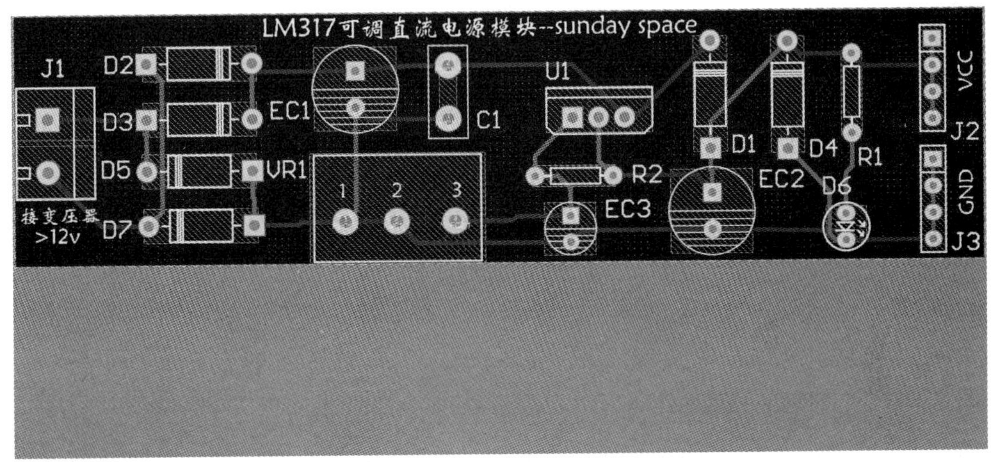

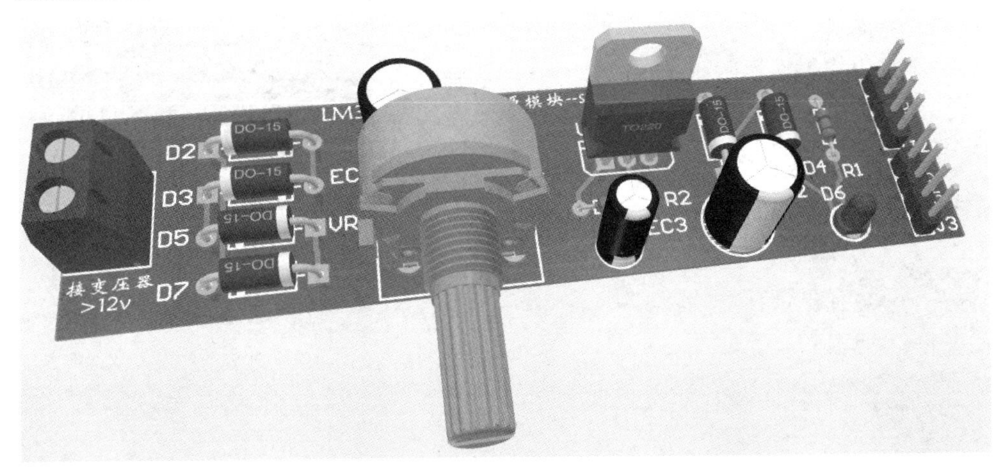

附录E 传感器与自动检测技术综合实训代码主程序

```
/**********************************************************
* 文件名：传感器与自动检测技术综合实训代码
* 描  述：实现温度的检测与控制
* 创建人：天之苍狼，2018 年 9 月 1 日
* 版本号：SHD_JY_ 1.06
* 技术支持论坛：六安市双达电子科技有限公司、六安职业技术学院
**********************************************************
*该产品采用电子积木模式搭建各种传感检测装置，主要完成五种物理量的开关状态、数字量检测和模拟量的检测。其中，开光状态检测主要有光学量的检测与控制（GM3516）、气体量的检测与控制（MQ-3），数字量检测主要有温度量的检测与控制（DS18B20）、磁学量的检测与控制（GH1131），模拟量检测主要有位移量的检测与控制（SR-04）、模拟数据采集与控制（光、热和电压）
* S1 为光敏电阻模块检测，S2 为温度量 DS18B20 检测，S3 为酒精传感器检测
* S4 为磁学量霍尔传感器检测，S5 为位移量超声波传感器检测
* S6 为模拟量检测，实现光、热和电压量检测
* P0 口+ P2.5，P2.6，P2.7，为液晶 LCD1602 驱动引脚
* P2.0 为蜂鸣器报警电路驱动引脚，P2.1 为 LED 指示灯驱动引脚
* P2.2 为温度传感器驱动引脚，P3.6 引脚接模/数转换模块的 CL 时钟端口，P3.7 引脚接模/数转换模块的 DA 端口
* P3.5 引脚接通用传感器接口
* P2.3 引脚接超声波传感器模块的回响信号，P2.4 引脚接超声波传感器模块的触发信号
* 注意：晶振为 12.000MHz，其他频率需要自己换算延时数值
**********************************************************/

#include <reg51.h>
#include <intrins.h>
#include "lcd1602.h"
#include "PhotoRes.h"
#include "LCD1602+DS18B20.H"
#include "lcd1602+MQ3.h"
#include "lcd1602+HS.h"
#include "lcd1602+SR04.h"
#include "lcd1602+pcf8591.h"

unsigned char key;
/**********************************************************
* 名称 : Main()
* 功能 : 主函数
* 输入 : 无
* 输出 : 无
**********************************************************/
```

```
void Main(void)
{
//      uchar key;
//      P2^0==0;
        L1602_init();
        L1602_string(1, 1, " LiuAn SHD 1.05 ");
        L1602_string(2, 1, "You Press The S?");

        while(1)
        {
                switch(key=P1)
                {
                case 0xfe:PhotoReschx();break;//s1
                case 0xfd:DS18B20CHX();break;//s2
                case 0xfb:Alcoholchx();break;//s3
                case 0xf7:HSchx();break;        //s4
                case 0xef:sup_wavechx();break;//s5
                case 0xdf:ADDAchx();break;//s6
                }
        }

}
```